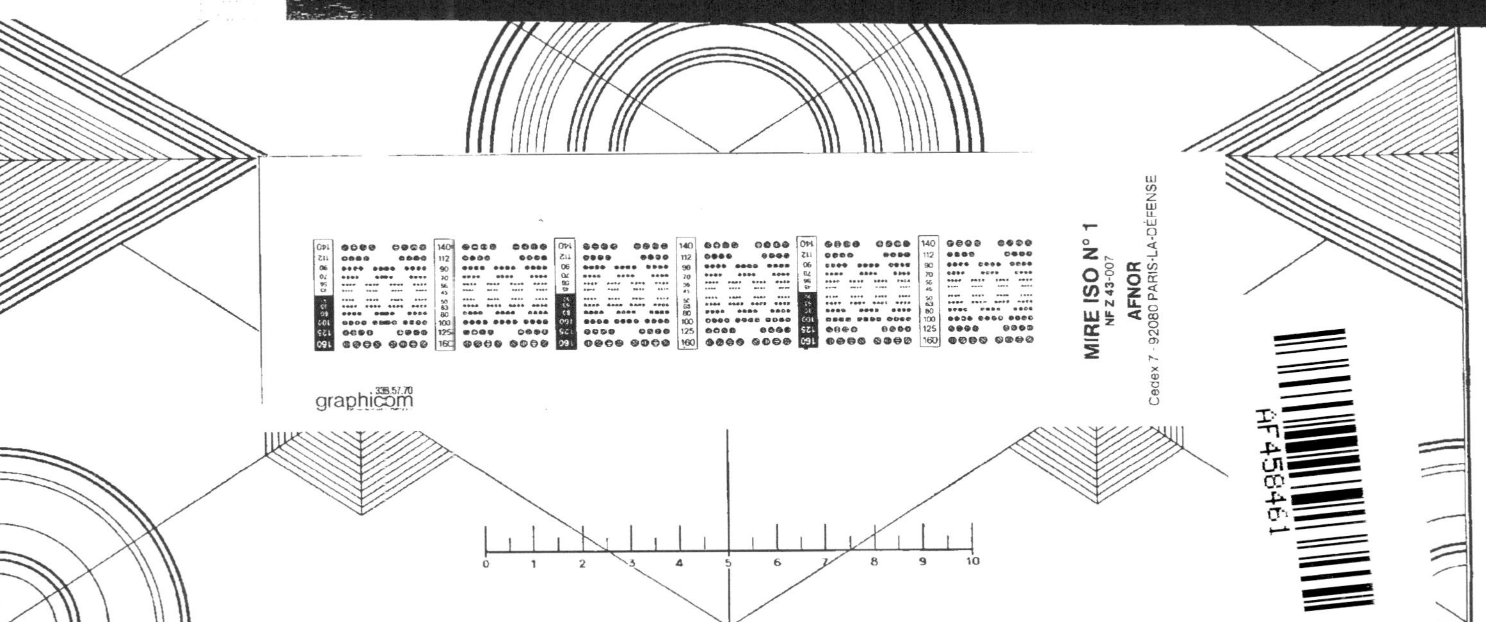
KODAK Gray Scale
C M
Kodak
MIRE ISO N° 1
NF Z 43-007
AFNOR
Cedex 7 - 92080 PARIS-LA-DÉFENSE
graphicom
AF458461

LOUIS VERBRUGGHE

A TRAVERS L'ISTHME DE PANAMA

TRACÉ INTEROCÉANIQUE

DE

L.-N. B. WYSE ET A. RECLUS

PARIS

A. QUANTIN, IMPRIMEUR

7, RUE SAINT-BENOÎT, 7

1879

A TRAVERS
L'ISTHME DE PANAMA

LOUIS VERBRUGGHE

A TRAVERS L'ISTHME DE PANAMA

TRACÉ INTEROCÉANIQUE

DE

L.-N. B. WYSE ET A. RECLUS

PARIS

IMPRIMERIE DE A. QUANTIN

7, RUE SAINT-BENOIT

1879

A TRAVERS

L'ISTHME DE PANAMA

I

Introduction.

Le fameux *Passage Ouest*, cette route vers l'extrême Orient, si longuement cherchée par les conquérants espagnols, est aujourd'hui trouvé : l'audace, l'énergie et l'habileté de deux officiers, appartenant à la marine française, ont enfin découvert la solution du haut problème qui, depuis près de quatre siècles, s'impose à l'attention des capitaines, des géographes, des économistes les plus illustres; et le projet de percement de l'isthme américain, que MM. L.-N. B. Wyse et A. Reclus, secondés par M. de Lesseps, ont présenté au monde savant, semble, au premier examen, d'une simplicité si enfantine, que beaucoup d'explorateurs s'étonneront sans doute de ne pas l'avoir adopté tout d'abord; mais, après ce rapide examen, ce projet apparaît en réalité d'une simplicité si grandiose que l'on ne peut guère se montrer surpris des efforts persévérants et multipliés qu'exigea sa conception.

L'histoire de ces efforts est longue et déjà ancienne: le premier de tous, Vasco Nuñez de Balboa [1], *menant son bon cheval*, gravit les rampes escarpées des monts Pirri et voit s'étaler, immense et pacifique, un nouvel Océan; les côtes de cette mer sont moins malsaines que les rivages de l'Atlantique, elles sont surtout plus riches et plus peuplées; aussi, les Espagnols abandonnent-ils Santa-Maria la Antigua et les tristes marais de l'Atrato pour s'emparer de la vieille ville de Panama.

Balboa, dont le noble caractère irritait ses compagnons d'armes, était déjà égorgé comme tant d'autres parmi les meilleurs; mais la conquête du territoire se poursuit, sous Davila son assassin, et gagne rapidement d'un point à l'autre. Époque singulière, dans laquelle les lâchetés et les grandes victoires, les crimes et les hautes actions se succèdent sans relâche! La

1. Le jeudi 1er septembre 1513, Vasco Nuñez de Balboa partit de Santa-Maria la Antigua avec huit cents hommes et s'embarqua sur un galion et neuf pirogues sous le prétexte d'aller découvrir des mines. Le 4 septembre, il arriva avec les canoas à Careta. Le galion était resté en arrière. Ayant débarqué, Balboa choisit les hommes qui devaient l'accompagner. Le 6 septembre, il entra dans la terre et gagna par un chemin fort âpre les possessions du cacique Ponca. Le 20 du même mois, il partit pour le pays du cacique Torecha, où il laissa une partie de son monde, n'emmenant que soixante-dix hommes, et le mardi 25 septembre 1513, à dix heures du matin, Balboa qui marchait en avant de ses gens, du sommet d'une éminence boisée découvrit l'océan Pacifique (golfe de San-Miguel), dont il prit possession le 29 du même mois avec vingt-six de ses compagnons (terre du cacique Chape). Dans le mois d'octobre, il prit possession par mer en naviguant avec des canoas que lui prêtèrent les caciques Cuquera et Tumaca. Le récit de son retour serait fort long; il fit une partie du voyage en bateau et rentra, le 17 janvier 1514, au port de Careta d'où il était parti le 6 septembre 1513.

conquête espagnole est, dans l'histoire, symétrique à la conquête normande.

Au Nord, le Mexique et le Guatemala, au sud, le Darien et le Pérou sont envahïs; l'Espagne se rue tout entière sur sa proie, avide et affamée comme un vampire du Darien. Dès cette époque lointaine, pour rendre plus facile le transport du butin, les vainqueurs rêvent vaguement la réunion des deux Océans: des routes sont construites; cavaliers et soldats, armes et munitions peuvent passer sans relâche; par l'isthme de Panama des échanges continuels se font entre l'Espagne et le Pacifique : l'Espagne expédie ses conquérants, l'Amérique lui retourne ses lingots d'or et ses matières précieuses.

Mais les routes de terre sont longues, pénibles et plus dangereuses dans ces régions inconnues que les routes maritimes; pour les convois, le court chemin des mines de Cana à Porto-Bello est plus redoutable que l'Océan, même entre ses rivages extrêmes : l'Europe et l'Amérique. Aussi la liste est-elle longue de tous ceux qui, dès les premiers temps, ont souhaité l'établissement d'un chemin d'eau entre les deux grandes mers.

Dès 1528, Cortès croit à la possibilité d'une route navigable par les deux rivières du Tehuantepec, le Coatzacoalcos et le Chimalapa ; Alvaredo préconise la route par le Nicaragua (1535); en 1551, Lopez de Gomara est séduit par l'isthme de Panama et le fleuve Chagres qui, dans ses détours, vient presque raser la côte du Pacifique; enfin les vieux documents espagnols signalent, plus au sud, dans le Darien, l'existence d'une passe peu élevée vers les environs du Paya [1].

Les Espagnols, d'abord dans leur intérêt personnel, pour raccourcir leurs trajets, et plus tard gênés par la bulle du pape Alexandre qui attribuait aux Portugais les terres découvertes à l'est du méridien des Açores, les Espagnols surtout cherchèrent ce passage par l'ouest; Pison et Avellana longent le littoral et à deux reprises, devant l'embouchure de l'Orénoque et celle de l'Amazone peuvent croire à la découverte de ce Bosphore du nouveau monde. Solis également, quand il entra dans l'immense estuaire du Rio de la Plata, qu'il appelait la mer douce, put s'imaginer qu'il pénétrait dans un autre océan; tous se trompaient, l'Orénoque, l'Amazone et la Plata n'étaient que des fleuves géants, malgré leur ressemblance avec de véritables détroits.

Cette passe tant cherchée, Magellan seul devait la découvrir; plus intrépide et plus téméraire que ses hardis devanciers, il se glisse entre deux murailles de rocs lugubres et déchiquetés, couronnés de glaciers et de neiges; il lutte contre des courants terribles, une mer toujours houleuse, une brise capricieuse et tourmentée; il fracasse deux navires contre les écueils, qu'importe! Le détroit s'ouvre sur le Pacifique!

Ce passage, si laborieusement découvert, trompait toutes les espérances; étroit et resserré, coupé en tous

1. Le sommet d'une courbe du Chagres n'est éloigné que de 22 kilomètres du Pacifique. Quant à la passe du Paya, les nivellements exécutés sous la direction de l'ingénieur en chef des ponts et chaussées, M. Celler, ont démontré que son élévation ne permettait pas l'établissement d'un canal à niveau.

sens par des courants de vitesses et de directions variables, il était beaucoup plus dangereux pour les voiliers que le cap Horn; situé presque en dehors du monde habitable, il augmentait beaucoup la route vers l'extrême Orient et surtout vers les Indes, principal objectif des nations aux XVe et XVIe siècles. Galions et caravelles, plus tard, bricks et goëlettes, continuèrent donc à doubler le cap des Tempêtes ou de Bonne-Espérance et à contourner toute l'Afrique.

Entre la Méditerranée et la mer Rouge une étroite langue de sable était jetée par la nature comme un véritable défi à l'homme : l'homme a relevé le défi; aujourd'hui, ses navires passent à travers les sables du Désert; comme une autre provocation, la nature a dressé entre l'Atlantique et le Pacifique un mur de basalte; le mur croulera; nos navires passeront au travers de la roche comme au travers du sable.

Vraiment notre siècle doit-il s'effrayer encore d'une montagne à percer en couloir ou à ouvrir en tranchée? Le couloir et la tranchée seront de dimensions colossales, puisque les plus grands steamers doivent y trouver un passage facile. Mais, quelle que soit l'énormité de ces dimensions, elles ne sauraient effrayer ceux qui ont vu se terminer, d'une façon naturelle, les entreprises les plus hardies et contre lesquelles des esprits sérieux avaient cependant élevé beaucoup et de graves objections. Aujourd'hui, les dunes de la Gascogne ont été arrêtées dans leur marche envahissante; la mer de Haarlem est transformée en *polders* fertiles, et bientôt le dessèchement du Zuyderzée doublera le territoire de la Hollande; le mont Cenis, le Gothard et le Hoosac sont troués; le Simplon et le sous-sol de la Manche vont être perforés; par-dessus l'Hudson, le Missouri, les cataractes du Niagara et le Douro, l'on jette des ponts d'une incroyable hardiesse; le capitaine Eads corrige le Missisipi; le Danube et la Meuse sont redressés; trois chemins de fer escaladent sur trois points la plus grande chaîne de montagnes et la franchissent aux États-Unis, au Mexique, au Pérou enfin, à une hauteur plus grande que celle du mont Blanc; le canal d'Amsterdam, en contre-bas de la mer du Nord, met la grande cité maritime en communication directe avec Batavia; l'œuvre la plus grande de toutes, le canal maritime de Suez, en supprimant le grand détour africain, transporte pour ainsi dire l'Inde à Marseille.

Mais la série des magnifiques travaux du XIXe siècle n'est pas close, et parmi les œuvres qu'il lui appartient encore de terminer, il faut citer avant toutes le travail le plus gigantesque, mais aussi le mieux préparé; entre ses deux Océans la nature accumule en vain ses roches les plus dures, ses forêts les plus impénétrables; les machines sont déjà prêtes, car le percement de l'isthme de Panama est décrété par le même homme qui avait décrété le percement de l'isthme de Suez, et qui veut supprimer le grand détour américain comme il a supprimé le grand détour africain.

II

Géographie du Tehuantepec et du Nicaragua.

Le grand isthme américain, ou du moins l'espace que les différentes explorations ont sillonné en cherchant des tracés interocéaniques, est limité au nord par l'embouchure du Coatzacoalcos dans l'Atlantique, et la baie Ventosa dans le Pacifique; au sud par le fond du golfe Darien, et la baie de Cupica.

Avant de se relever directement vers le nord, pour former l'étrange presqu'île du Yucatan, en saillie sur l'isthme comme une hernie, la région sud du Mexique s'effile; cette région resserrée est connue sous le nom d'isthme de Tehuantepec; la rivière Coatzacoalcos est barrée à son embouchure comme presque tous les cours d'eau qui se déversent dans l'Atlantique depuis le Mississipi jusqu'à l'Orénoque; mais, cet obstacle franchi, la rivière est profonde, et des goëlettes de 500 tonneaux peuvent la remonter assez loin : quant à la baie Ventosa, la barre de San-Francisco, plus redoutable que les barres de Tampico ou de Tuxpan, là rend inaccessible. Les hautes montagnes du Mexique s'abaissent sensiblement et la hauteur du col de Tarifa ne dépasse pas 230 mètres.

L'étranglement du Guatemala, entre le golfe Dulce et la rivière Hichatoya, n'offre aucune importance au point de vue d'un canal maritime : les passes y sont fort élevées, et les montagnes ne sont qu'une suite de volcans; les secousses terrestres y sont si fréquentes que le Guatemala semble la patrie du Feu.

La plastique du Nicaragua a fait naître au contraire et a longtemps entretenu des espérances qui paraissaient fondées : deux nappes d'eau magnifiques, le lac de Managua et le lac de Nicaragua, presque grand comme la mer de Marmara, ne sont situées en hautes eaux qu'à 32m,80 au-dessus du niveau de l'Atlantique; un fleuve large et profond par endroits unit le lac à cet Océan ; enfin il n'est séparé du Pacifique que par le seuil étroit et peu élevé de Rivas.

La région qui s'étend à l'ouest des lacs est fertile, peuplée et saine, comme toute la côte du Pacifique : quelques villages et un grand nombre d'habitations se suivent sur la route qui mène de San-Jorge à Rivas et Brito, et, réellement, ce fut un plaisir pour nous, après les interminables marais du San-Juan, de voir des terres habitables et habitées; dans les environs de Brito l'on coupe des cèdres magnifiques et quelques acajous qui, expédiés à San-Francisco de Californie, servent à construire les maisons de cette ville, toutes en bois.

Le Rio Grande qui se déverse dans le Pacifique est un maigre ruisseau aux berges de terre végétale et taillées verticalement; la marée y pénètre loin et laisse à nu, en se retirant, des boues fétides et un banc de sable éclatant à l'embouchure du fleuve ; au nord et au sud, des falaises de roches tombent à pic dans la mer, et les eaux profondes se trouvent ainsi à quelques mètres du rivage; les autres rivières de cette partie étroite n'ont guère plus d'importance que le Rio Grande, et le Guiscoyol, le Lajas, le Rio del Medio, tributaires du lac, ne sont guère, à la saison sèche, que des trous de vase.

Le fleuve San-Juan, au contraire, est un cours d'eau important : entre Greytown et le fort Castillo, il sert de frontière et sépare le Nicaragua du Costa-Rica; à partir du Castillo, il appartient tout entier, d'après le traité de 1858, ainsi que la côte sud du lac, à la première de ces Républiques. Le San-Juan, sur un parcours de 200 kilomètres environ, fait de nombreux circuits et présente de nombreux contrastes; son embouchure est fort compliquée, car les mille subdivisions du bras principal forment un delta très étendu, et parmi tant de fleuves secondaires, il devient difficile de reconnaître le fleuve père.

Tandis que la branche de Greytown s'ensablait, la branche du Colorado au contraire se faisait plus profonde et plus navigable, et la simple artériole, qui joignait jadis le San-Juan au Colorado, est devenue peu à peu la véritable artère.

Ces transformations d'un ruisselet en fleuve ne peuvent guère surprendre ceux qui ont parcouru en pirogue ces innombrables canaux naturels, vrais canaux de drainage d'un terrain bas, marécageux, sans aucune pente accusée, et sur lequel les rivières se détournent au moindre obstacle pour se créer un nouveau lit.

Dans la région qui nous occupe, la côte de l'Atlantique est de formation toute moderne, et le sol définitif est loin d'être constitué ; aussi l'écoulement du Tortuguero, du Colorado, du San-Juan, des Rios Sucio et Rama est-il sujet à tous les caprices du hasard. Souvent, pour le modifier, il suffit d'un arbre tombé en travers, d'une pirogue échouée qui aura formé banc de sable, ou comme dans le San-Juan, d'un navire coulé à fond.

A la suite de ces changements perpétuels se sont créés les barres du Colorado et du San-Juan et surtout les marais, qui, descendant bas vers le sud, remontent si haut vers le nord, que les lagunes de Blewfield et des Perles n'en sont guère que le prolongement. Au centre de ces immenses bourbiers, la ville de Greytown semble trôner reine des marécages.

Pendant de longues heures, si l'on remonte le cours du fleuve, la monotonie du spectacle fatigue le regard : l'eau est noire, chargée de matières végétales en décomposition et couverte de roseaux, qui flottent nonchalamment au gré d'un courant insensible ; avant d'atteindre la région des collines on dépasse les confluents du Sarapiqui et du San-Carlos, qui, venus du Costa-Rica, roulent presque autant de sable que d'eau. J'ai passé une nuit au San-Carlos, et je ne saurais oublier l'indicible mélancolie de ce paysage, où les teintes livides des vases le disputaient aux nuances terreuses des deux fleuves.

Enfin apparaissent les rapides : Machuca, Balas, Diamante, Mico, Castillo et Toro, disposés en pentes rapides, encombrés de roches; notre légère pirogue, halée par quatre nègres vigoureux du Honduras, avait peine à franchir le courant, et la dénivellation de l'avant à l'arrière était si forte que, malgré l'habileté de nos noirs, nous embarquâmes de l'eau en grande quantité. De tous ces rapides, le Castillo est le plus long, le plus impétueux et le plus pittoresque. L'ancien fortin qui le domine, admirablement situé, apparaît brusquement, hautain comme un vieux *burg* du Rhin.

Au sortir de la région des rapides le fleuve reprend son aspect paresseux et sinistre; la végétation renaît semblable à celle de l'embouchure, et parmi les grands roseaux, où viennent paître les lamantins, sous l'ombre épaisse, lourde et humide des arbres noyés, on navigue de nouveau en eau dormante, *morte*, comme disent les indigènes : le San-Juan laisse dans l'esprit de celui qui l'a parcouru depuis Greytown jusqu'au grand lac, l'impression d'un fleuve à coudes rapides, composé alternativement de pentes précipitées et de longs espaces plans; fleuve divisé, somme toute, en deux longs biefs dormants, dont l'un s'étend du lac aux rapides, et l'autre des rapides à l'Atlantique.

Quelques auteurs ont affirmé que le San-Juan ne charriait pas au-dessus du San-Carlos et du Sarapiqui : cependant c'est après avoir dépassé ces deux affluents sablonneux que se montre une île de formation étrange.

Un vapeur, l'*Ometepe*, s'est échoué récemment ; aujourd'hui déjà l'accumulation rapide des sables l'a transformé en île couverte de roseaux et d'arbustes que dépasse seule la cheminée du navire, et notre guide l'appelait, avec son large rire de nègre, l'île Ometepe du fleuve [1].

Donc, si l'on se rend un compte exact du régime de ce fleuve capricieux, si l'on songe aux apports argileux et volcaniques de tous les affluents du Costa-Rica, si l'on se rappelle surtout que le Juanillo, autrefois navigable, n'est plus aujourd'hui qu'un ruisselet, que le San-Juan, il y a peu d'années encore, fleuve principal, n'a plus aujourd'hui qu'un débit de 22 mètres cubes par seconde, tandis que le Colorado, de formation toute récente, précipite près de 600 mètres cubes dans l'Atlantique, c'est-à-dire une masse d'eau vingt-sept fois plus forte, si l'on n'oublie enfin ni les îlots de sable mouvants et sans cesse déplacés, ni l'abondance d'une végétation rapidement décomposée, nul ne s'étonnera plus des accumulations rapides qui ont comblé le port de Greytown.

Cet ensablement n'est pas dû uniquement à des causes accidentelles qu'il est facile de supprimer, il est le résultat de circonstances naturelles qui ne peuvent être aisément dominées et qui n'ont cessé d'agir avec une désastreuse permanence : les preuves de cette assertion sont nombreuses.

Jusque vers la fin du XVIIe siècle les goëlettes espa-

1. Par opposition avec l'île Ometepe du lac.

gnoles remontaient le San-Juan, et déjà en 1781 Nelson ne pouvait faire passer ses légers navires par-dessus les *raudales* ou rapides. En 1860 les paquebots du Royal-Mail mouillaient à peu de distance des maisons de Greytown, et les navires de la marine de guerre britannique jetaient l'ancre à quelques encâblures à peine du rivage; aujourd'hui l'on ne trouve pas deux mètres d'eau sur la barre; l'entrée de la rivière est périlleuse (si périlleuse que l'infortuné Crossman s'y noya), et le havre primitif a radicalement disparu. Greytown, autrefois sur le rivage, est aujourd'hui dans l'intérieur des terres, et une large bande de prairies vertes et mi-noyées séparent de la mer cet ancien port.

Les apports du fleuve suffiraient seuls à combler la rade de Greytown, mais les apports marins contribuent à augmenter la rapidité de cet ensablement; les courants locaux en se contrariant précipitent les matières terreuses. Enfin, la marche générale des flots de Greytown, s'opposant aux grandes brises continuelles du nord-est, produit un violent clapotis; cette houle peu élevée, mais dure, fatigue les navires, et menaçant toujours de dégénérer en grosse mer, les oblige à maintenir leurs feux allumés : le débarquement des passagers se fait par un grand panier à bout de vergues : ce débarquement, fort comique d'ailleurs, mais employé de façon trop constante, prouve le mauvais état trop constant de la mer.

Les auteurs de quelques projets par le Nicaragua ont proposé, il est vrai, de faire du lac un mouillage intérieur. Il faudrait cependant un temps fort long aux vaisseaux de l'Atlantique pour gagner cette grande nappe d'eau, et il semblera généralement impossible de ne pas établir un bon port à chaque extrémité du canal.

Le lac, d'ailleurs, est loin d'offrir une sécurité absolue aux navires, et de San-Carlos même on peut apercevoir deux ou trois coques submergées; les coups de vent, *chubascos*, sont de courte durée peut-être, mais très violents, et si ces orages sont magnifiques au point de vue pittoresque, ils sont dangereux au point de vue maritime; les eaux du lac sont douces et par conséquent légères; aussi les rafales ont-elles toute prise sur ces flots non pesants et facilement transformés en houles clapoteuses.

La traversée entre Moyogalpa, dans l'île Ometepe, et San-Jorge, sur la côte ouest du lac, est regardée comme dangereuse pour les embarcations indigènes, et le patron de notre canot nous conseilla au départ de nous tenir prêts à tout événement. Le débarquement à San-Jorge est toujours rendu problématique par les grandes vagues qui déferlent. Nous arrivâmes fort heureusement à bon port, mais M. Blanchet, moins fortuné, chavira peu après et perdit un temps fort long à sécher un à un ses papiers et ses carnets.

La superficie de ce lac, semblable par ses poissons à une mer véritable, puisque l'on y trouve des requins et des scies, lui ressemble aussi par son étendue (2,400 milles carrés) et ses îles nombreuses; les plus remarquables sont les anciens volcans jumeaux Ometepe

(1,356 mètres) et Madéra (1,073 mètres). Vers le sud-ouest, les pics élevés et coniques du Costa-Rica se profilent en gigantesques dents de scie; vers le nord, les collines des Chontales élèvent leurs massifs remparts de verdure.

Ometepe, dressé presque au milieu du lac, est une des plus belles montagnes qu'on puisse voir; ses proportions bien combinées, ses arêtes rectilignes en font, pour ainsi dire, une pyramide géométrique. Le versant nord est couvert d'une haute forêt, tandis que les pentes opposées sont tapissées d'un gazon chatoyant comme du velours. L'on y trouve deux villages, Pueblo Grande et Moyogalpa; enfin, de nombreuses échancrures dans ses rivages forment des anses charmantes, ombragées et d'une fraîcheur délicieuse.

Les fonds du lac sont très variables et mesurent parfois plus de 80 mètres; les points les plus bas de sa cuvette se trouvent donc situés bien au-dessous du niveau de l'Atlantique et du Pacifique. Cette mer indienne reçoit un grand nombre d'affluents, dont les plus remarquables au point de vue spécial d'un canal interocéanique sont les Rios Lajas, del Medio, Sapoa, Frio et le Tipitapa, trait d'union naturel entre le lac Managua et le lac Nicaragua; le Frio, qui se déverse à la fourche même du lac et du San-Juan, projette devant lui une grande quantité de vases fluides et de cendres volcaniques descendues du Costa-Rica.

III

Géographie générale de l'isthme de Panama.

L'isthme de Panama semble à première vue moins favorisé par la nature que le Nicaragua; il a cependant sur tous les endroits proposés pour le percement d'un canal interocéanique des avantages indiscutables, puisqu'ils sont le résultat de la plastique même du pays. En aucun autre point du continent centre-américain on n'a pu trouver une dépression aussi considérable, car le col de la Culebra ne dépasse pas 87 mètres; en aucun autre point aussi, excepté à San-Blas, les eaux des deux océans ne sont aussi rapprochées[1]; mais les passes y sont fort élevées; si donc un canal à niveau, sans obstacle d'aucune sorte, ni tunnels, ni écluses, est impérieusement commandé par la grande navigation

1. La distance entre l'Atlantique et le Pacifique par l'isthme de Panama est de 56 kilomètres; elle n'est que de 50 kilomètres par l'isthme de San-Blas; entre l'embouchure du Sabana, dans le golfe Saint-Michel et la baie de Calédonie, se trouve un autre étranglement remarquable dont la largeur atteint à peine 75 kilomètres.

maritime, un pareil canal ne peut *a priori* se faire qu'entre Panama et la baie Limon.

La baie Limon dont la forme rappelle exactement la forme d'un fer à cheval constitue un port magnifique; le courant général de cette côte porte vers le nord-est, il pénètre assez profondément dans le golfe, dont les ancrages sont excellents. Le port est peu défendu contre les brises du nord et du nord-est, mais ces brises sont rarement violentes; Colon est dans une situation plus défavorable et pourtant chaque année plus de huit cents navires du plus fort tonnage viennent s'amarrer sans inquiétude aux *wharfs* de la compagnie du chemin de fer.

De Colon même on aperçoit dans l'ouest une chaîne de montagnes élevées qui court du nord au sud et limite sous le nom de sierra de Piña le bassin occidental du Chagres, tandis que les *lomas* de Mindi se dressent entre ce fleuve et la baie Limon; entre ces différentes collines et le rivage s'étend une région basse et marécageuse, couverte de palétuviers et d'une végétation tout aquatique : les coraux se retrouvent en beaucoup d'endroits; l'île de Manzanillo est due uniquement à des accumulations de mangliers, aux branches surchargées d'innombrables petites huîtres : les racines de ces arbres ont peu à peu consolidé la vase, puis les écailles de mollusques et les débris de madrépores ont formé un sol plus tenace; l'homme enfin s'y est fixé et Colon-Aspinwall, dont il y a peu d'années chaque case était entourée d'un petit bourbier, est aujourd'hui devenu le point de départ d'un transit important.

Les fonds de neuf mètres dans la baie Limon occupent un espace d'environ douze kilomètres carrés, tandis que la superficie totale est de quarante kilomètres carrés; M. A. Reclus, dans le compte rendu de son exploration, s'exprime en ces termes :

« Cette magnifique baie est en dehors du parcours des ouragans : une seule fois en 1865 un de ces terribles météores s'est approché de la rade, causant des avaries aux navires.

« Bien que mal abritée, la rade n'en est pas moins sûre, les alizés perdant toute leur intensité à quelques milles de la côte ; pourtant, dans la première quinzaine de décembre, lorsque la saison sèche s'établit définitivement, elle inaugure son règne par deux à trois jours de violentes brises du nord. Sauf à cette époque de l'année il n'y a absolument rien à craindre. »

La rade de Panama, sur la côte du Pacifique, au fond d'un grand golfe aux eaux toujours tranquilles, présente une parfaite sécurité; les ouragans y sont inconnus, et bien que les vents du nord prédominent, ils sont trop affaiblis par leur traversée de la Cordillère pour jamais devenir dangereux; le grand golfe de Panama, largement ouvert, est terminé par le cap Malo à l'ouest et le cap Marzo à l'est, et il compte parmi ses baies principales la baie de Parita et la baie San-Miguel, comparable à celle de Rio-de-Janeiro.

Malgré la prédominance des brises du nord, on ne peut dresser une carte exacte des vents de cette région, car ces vents changent d'une saison à l'autre et souvent dans la même saison. En avril et mai cependant la brise hale vers l'ouest et de brusques sautes amènent de légers grains du sud-ouest; enfin dans le mois de juin le vent passe généralement au sud à mesure que la saison des pluies s'accentue.

Les fonds de la rade de Panama sont des vases reposant sur des bancs de grès rougeâtres stratifiés horizontalement ; cette formation assez dure diffère sensiblement des coraux et des polypiers de la baie Limon ; les profondeurs de 8^{m},50 et de 9 mètres ne se trouvent qu'à une certaine distance de Panama auprès d'un groupe d'îles situées au sud de la ville.

Ces îles, Perico, Flamenco, Naos, Culebra et le rocher San-Jose, enferment un excellent mouillage; plus au sud, Taboga et sa diminutive Taboguilla sont vertes, bien arrosées et fertiles; la réputation de leurs ananas égale celle des ananas cueillis à Guayaquil ou même à Cordova du Mexique; l'on pourrait aisément en tirer un riche parti : quant aux îles des Perles, elles manquent en partie d'eau, et l'industrie perlière surmenée y est aujourd'hui ruinée.

Les marées de Panama sont très fortes, puisque leur amplitude maximum en novembre et décembre atteint jusqu'à 6^{m},50; les flots se retirent sur un long espace, l'on conçoit donc que les courants locaux doivent atteindre une vitesse assez grande et varier avec la marche de la marée : jamais cependant leur violence ne devient inquiétante.

L'aspect général du golfe, semé d'îlots gracieux, est séduisant : la vue de Panama est charmante, et ses deux ports sont encombrés de goëlettes et d'embarcations indigènes démesurément longues ou ventrues avec exagération : la ville propre, riche, salubre et bien peuplée

(18,000 habitants), est dominée par le mont Ancon; du sommet de cette colline on découvre l'ensemble des mamelons qui se succèdent jusqu'à l'Atlantique.

La chaîne connue sous le nom de montagnes de Veragua vient, en effet, expirer en monticules dans l'isthme de Panama pour renaître bientôt en véritable Cordillère dans l'isthme de San-Blas. Le Cerro Trinidad peut être considéré comme le dernier pic de la chaîne de Veragua : ses contreforts limitent à l'ouest et au sud le bassin du Chagres; sa configuration générale est celle d'une main posée à plat, les doigts écartés; entre ces doigts couleraient les divers affluents du Chagres, le fleuve le plus important de la région, et viendraient s'enclaver les derniers chaînons de la Sierra Santa-Clara, opposée à la Cordillère de Veragua.

L'orographie générale de l'isthme de Panama, hérissé de monts isolés parmi lesquels M. Moritz Wagner a cru remarquer quelques groupements annulaires, coupé de ravines, tourmenté, explique à la fois le grand nombre et le peu d'importance des affluents du Chagres; elle explique en même temps la hauteur et la rapidité de leurs crues; dans la saison des pluies, lors des orages, les eaux coulent rapidement sur les flancs escarpés, et chaque ravin se transforme en rivière momentanée; dans la saison sèche les affluents les plus importants sont presque taris; quant aux plus faibles tributaires, ils disparaissent absolument.

Il serait puéril de vouloir se dissimuler la hauteur des crues du Chagres et le nombre de mètres cubes d'eau dont peut, en un temps très court, s'augmenter son débit normal. Tous les auteurs de projets ne sont pas d'accord sur cette grave question, aussi conviendra-t-il d'adopter, pour être à même d'y parer, la crue la plus importante de toutes, citée par l'habile ingénieur des États-Unis, M. Menocal : devant le congrès international d'études pour le percement de l'isthme américain, il a vérifié, *d'après les indications des indigènes*, cette crue et en a fixé l'élévation à trente-cinq pieds, ajoutant que parfois les rails du chemin de fer de Panama étaient noyés sous six pieds d'eau; ces chiffres, bien que légèrement hypothétiques, doivent être retenus.

Les contreforts que contourne le Chagres dans ses nombreuses sinuosités et l'isthme de Panama tout entier doivent être vraisemblablement attribués à un soulèvement sous-marin; une grande partie de la contrée appartient à la formation tertiaire; en tout cas, la constitution de cet isthme est bien différente de la constitution des contrées situées immédiatement au nord-ouest et à l'est; tandis que dans toutes les Cordillères on trouve des granits et des schistes cristallisés, à Panama l'on rencontre des basaltes et des trachytes, et le grand massif entre le Rio-Grande et le Rio-Obispo est tout doléritique. Ces roches sont dures, mais très brisantes et très tenaces, favorables surtout à l'ouverture de grandes tranchées.

La végétation est également différente; les collines, couvertes d'arbres aussi élevés et presque aussi touffus qu'au Darien, sont séparées par des savanes naturelles, grandes prairies dont on ne trouve aucune trace au-dessous de l'embouchure du Bayano. Sur ce terrain, dégagé de cette haute végétation qui étouffe tout sous son ombre trop dense, les plantes inférieures croissent en abondance, avec des labiées élégantes, des graminées et des légumineuses ; ce tapis vert, piqué de fleurs, fait place durant la saison sèche à un tapis brun et brûlé. Dans ces savanes paissent de grands troupeaux, car ces terrains, qui ne demandent aucun soin, sont propres à l'élevage.

Ces savanes s'étendent principalement sur les versants du Pacifique; on en retrouve quelques-unes cependant moins importantes sur la rive gauche du Chagres. Il est difficile d'expliquer leur formation; encadrées dans des forêts comme de vastes clairières, leur sol semble cependant de même nature que celui qui porte les grands bois et la couche végétale analogue. La végétation générale change à mesure que l'on s'éloigne de la côte de l'Atlantique extrêmement humide, pour se rapprocher des rivages du Pacifique beaucoup plus secs et d'une salubrité remarquable.

IV

Géographie générale du Darien.

Les régions de Panama et du Nicaragua étant les plus importantes à connaître, il était nécessaire d'en donner une géographie plus détaillée que des autres parties du grand isthme américain : il est impossible cependant de passer sous silence l'étranglement remarquable de San-Blas et le Darien, sillonnés en tous sens par de nombreuses expéditions scientifiques : plus d'un explorateur a payé de sa vie la lutte pénible entreprise contre une forêt vierge, qui garde avec une farouche jalousie le secret de ses passages et de ses défilés accessibles.

L'isthme de San-Blas est le plus étroit de tous les isthmes compris entre le Tehuantepec et le Darien : l'intérieur en fut longtemps inconnu et jusqu'en ces derniers temps on ignora l'existence de la rivière Mandinga presque aussi importante que le Chagres. Le rétrécissement du continent est remarquable entre l'embouchure du Nercalegua sur l'Atlantique et le Bayano tributaire de l'océan Pacifique. En face de l'estuaire du Bayano est située l'île de Chepillo, toute plantée de cocotiers élégants et productifs, et d'une beauté remarquable.

Le passage entre l'île et le fleuve est coupé de rochers et de bancs de sable, rendez-vous de nombreux pélicans qui trouvent une proie abondante et font une pêche assidue : la mer est généralement dure sur ces bancs et occasionne des ressacs assez forts; l'influence de la marée se fait sentir loin dans le fleuve et dépasse Bonete, port de Chepo, ce gros village qu'un caprice inexplicable de ses habitants a placé à un quart de lieue de chemin dans l'intérieur : à une courte distance, apparaissent les rapides et les courbes prononcées; le Mamoni, affluent du Bayano, s'encaisse et monte rapidement; la rivière prend l'aspect torrentiel, de gros rochers encombrent son cours et bientôt la navigation se trouve arrêtée par les magnifiques chutes du Charare : un épais massif de roches s'interpose entre les deux océans et ne laisse pour le passage d'un canal maritime que l'unique ressource d'un tunnel de quinze ou seize kilomètres; les roches dominantes semblent la dolérite et une roche trapéenne adélogène verdâtre.

Le port de San-Bias est magnifique; il est bien défendu par l'archipel des Muletas; mais, malgré les avantages offerts par le peu de longueur et l'excellence des débouchés de cette route, la nécessité d'un tunnel de seize kilomètres a fait hésiter ses partisans les plus intrépides; je regrette personnellement que ce tracé n'ait pas été plus chaudement défendu, malgré le tunnel qui en était l'unique difficulté.

Le Darien, malgré quelques explorations sommaires, est resté longtemps une région fabuleuse et sur laquelle circulaient des légendes singulières : on prétendait qu'il y existait des passages extrêmement bas et tout désignés par la nature pour établir à peu de frais la route tant désirée : aujourd'hui, la carte du Darien est dressée, et ces fables sont mises à néant.

Deux ports du Darien sont remarquables en deux points : le grand golfe de Saint-Michel est fermé par les pointes San-Lorenzo et la Punta-Brava au nord, et la pointe Patiño au sud. L'entrée, pour la partie septentrionale, peut se faire en passant entre le banc du Buey sur lequel se produisent de forts ressacs et la Punta-Brava que la mer bat en déferlant : le chenal est profond, mais agité; avant même d'avoir dépassé la pointe San-Lorenzo, en venant de Panama l'on aperçoit des îles nombreuses gracieusement accroupies ou couchées sur la mer. San-Carlos et Mercado sont grandes et boisées par des forêts puissantes; Iguana, Sombrero et Conejos affectent des formes étranges; enfin les Bongales et Combales, simples roches surmontées d'un panache de verdure, sont éparpillées en groupes pittoresques.

Du golfe Saint-Michel, l'on passe dans le havre Darien par les deux défilés, Boca-Grande et Boca-Chica, tous deux profonds et faciles, mais dans lesquels le flot atteint souvent des vitesses assez grandes; ces deux détroits se trouvent au nord et au sud des îles San-Carlos et Mercado. Entre ces deux îles existe un troisième détroit, celui de San-Isidro, profond, mais semé d'écueils.

Du petit port de la Palma, groupe de cabanes entourées de cocotiers aux grandes feuilles éplorées, l'on embrasse d'un coup d'œil le havre Darien tout entier, l'immense estuaire du Sabana et le large fleuve Tuyra, grande route menant au Darien, et que les plus forts navires peuvent remonter à une grande distance.

L'autre grand port du Darien donne sur l'Atlantique, c'est le golfe d'Uraba dans lequel vient se jeter le puissant Atrato, et dont l'entrée s'ouvre entre les pointes de Garibana et le cap Tiburon; la baie est profonde et parfaitement abritée, mais l'Atrato a formé un vaste delta de vase presque fluide à travers lequel s'écoulent lentement ses différentes branches, des marais à perte de vue s'étendent sur les rives du golfe Uraba, de la baie de Colombie qui en forme l'extrémité, et des nombreux rameaux de l'Atrato même.

Ce fleuve, le quatrième de l'Amérique du Sud, roule une énorme quantité d'eau; ses berges sont coupées à pic, et ses profondeurs sont considérables; son régime est analogue à celui de l'Amazone, et sur l'Atrato, comme sur ce dernier fleuve, les pirogues naviguent entre les troncs des grands arbres submergés, dans une ombre mystérieuse et presque effrayante.

Les affluents de l'Atrato sont nombreux; plusieurs prennent leurs sources auprès des sources de maint affluent de la Tuyra, et les eaux des deux versants se trouvent ainsi rapprochées. Ces deux grandes rivières, l'Atrato et la Tuyra, drainent le Darien presque tout entier et recueillent les pluies qui tombent avec une abondance extraordinaire sur un sol toujours détrempé, imprégné d'eau comme une éponge.

Plusieurs rivières du Darien ont un régime curieux, et leurs analogues ne se rencontrent que parmi les affluents du Rio Negro et de l'Amazone; le Tupisa est encombré de grands arbres tombés en travers et dont il faut détacher une bille importante pour frayer un passage aux pirogues; le Tiati est une étrange succession de bancs de gravier et de trous profonds; les cours d'eau les plus insignifiants s'étalent souvent en larges nappes et forment des remous d'une inquiétante tranquillité; enfin le Caquirri coule longtemps sous une épaisse prairie de grands roseaux et à plusieurs reprises est entièrement barré par de hautes palissades formées de troncs d'arbres gigantesques aux branches enchevêtrées.

Les montagnes ne sont pas moins étranges; les versants de leurs contreforts extrêmement déclives viennent s'appliquer l'un contre l'autre sous un angle très aigu; la ligne de partage ne mesure souvent pas plus de 2 mètres de largeur, et le nom de *cuchillos* (couteaux), appliqué à ces éperons, est d'une frappante vérité; plus d'une fois, en descendant ces coteaux à pente raide, nous fûmes obligés de nous retenir à tous les arbres, et de n'abandonner le premier qu'en nous voyant sûr de pouvoir nous accrocher à un second, afin de modérer la rapidité de notre chute..... parfois le second était un palmier hérissé d'épines.

Le grand massif du Pirri est le véritable nœud des montagnes du Darien : ses ramifications limitent à la fois la Tuyra et l'Atrato. Il s'aplanit au sommet et forme le fameux plateau de Cana, dont les mines d'or furent si productives au temps de la conquête ; au nord, près de l'Atlantique, se dressent les pics de Gandi et de Turgandi, dont les embranchements enserrent, vers le sud et l'est, les nombreux tributaires de la Tuyra et de l'Atrato. La chaîne de montagnes qui part de San-Blas longe de près la côte de l'Atlantique, mais laisse un large espace entre ses pics et les rivages du Pacifique; ses rameaux s'infléchissent vers le sud, laissant entre eux des vallées transversales, par lesquelles s'écoulent les pluies torrentielles; au sud-est du mont Gandi existent plusieurs cols relativement bas, dont l'altitude absolue est pourtant trop considérable pour permettre le passage sur canal à niveau.

Toutes les passes du grand isthme américain sont aujourd'hui connues et chiffrées; les seuils de Rivas, de la Culebra, du Tihule, du Tulegua et de Tarifa ont été découverts au prix d'efforts assidus : le Tehuantepec, le Nicaragua, le Panama, le Darien lui-même, interrogés sans relâche, ont dit leurs secrets mot par mot; la géographie de ces régions hostiles a été constituée patiemment année par année, lambeau par lambeau.

Parmi ceux qui ont parcouru, au danger de leur vie, ces forêts mystérieuses et ces fleuves menaçants, il importe de citer en première ligne les commanders Selfridge et Lull et les lieutenants de vaisseau Wyse et Reclus : la Société de géographie de Paris a tenu à rendre un éclatant hommage au chef des expéditions qui ont sillonné le Darien, de Chepo jusqu'à San-Blas, du golfe San-Miguel à Acanti, de l'Uraba à la pointe Garachine, et elle a décerné à M. Wyse sa médaille d'or, récompensant ainsi sa constante énergie et son habileté scientifique mise tout entière au service d'une œuvre destinée à rester grande entre toutes.

V

Flore, faune et population de l'isthme.

Le grand isthme américain, à l'exception de sa partie extrême nord et de ses hauts plateaux, présente des conditions climatériques presque semblables dans toute son étendue : l'année peut s'y diviser en deux saisons ; elles ne diffèrent point par une température plus ou moins élevée, comme dans les zones tempérées, mais par une chute plus ou moins considérable de pluies sur le sol ; aussi les appelle-t-on la saison sèche et la saison humide.

Les pluies coulent rapidement sur le flanc presque toujours escarpé des montagnes ; elles ont le temps toutefois de saturer les couches de terre végétale ; l'ombre épaisse des forêts met obstacle à une prompte évaporation et par suite au sèchement du sol : aussi, même en pleine saison sèche, le terrain est-il toujours saturé d'eau.

Quand les pluies rencontrent sur leur route une dépression, elles s'y accumulent naturellement et, détrempant la terre, forment à la longue de véritables marais; parfois, sous l'action verticale et brûlante des rayons solaires la partie supérieure de cette bourbe se dessèche et se change en mince pellicule, écorce fragile, mais sur laquelle les Indiens peuvent, en courant à toute vitesse, passer sans la briser.

Les quantités de pluies qui tombent durant la saison humide sont tellement grandes que l'évaporation ne peut s'en faire durant la saison sèche; le terrain a absorbé tant d'eau durant la moitié de l'année qu'il ne peut la *transsuder* pendant l'autre moitié; aussi la dominante des climats tropicaux est-elle l'humidité.

Si l'humidité est grande, la chaleur est également très forte : les températures moyennes sont au Darien 28°, à Panama 26°, dans le Nicaragua 25°; ces deux causes, l'humidité et la chaleur, nuisent peut-être à la santé de l'homme, mais favorisent singulièrement le développement de la végétation. Les forêts sont d'une épaisseur et d'une hauteur remarquables, et, dans les endroits découverts, les plantes et les herbes se pressent en abondance.

La végétation se modifie en même temps que la nature du sol : au bord de la mer, les mangliers et les palétuviers d'un vert émeraude se dressent sur leurs racines qui figurent un faisceau sortant de terre et surchargé de petites coquilles d'huîtres; dans les terres basses et marécageuses croissent des touffes de bambous et de *pita*, avec laquelle on fabrique des cordes fines d'une durée et d'une résistance surprenantes. A l'embouchure des fleuves et sur leurs rives les palmiers se découpent gracieusement en clair sur le fond plus sombre des autres arbres; des roseaux gigantesques et des araliacées entrelacent leurs feuilles rubanées ou profondément découpées; sur les eaux flotte un épais tapis de *gramalotes*, véritable prairie aquatique qui suit les doubles ondulations de la vague et de la brise.

Bientôt les *espavés* et les *higuerones* énormes projettent leurs branches d'une rive à l'autre; et dans les étranglements du fleuve, l'explorateur passe sous un véritable tunnel de verdure : l'ombre mystérieuse de ces voûtes rappelle le demi-jour perpétuel des grandes cathédrales gothiques ; les *azota-caballos* affectionnent les bancs de graviers : leurs branches souples et élastiques comme des ressorts se prêtent plus que toutes autres au balancement des hamacs; les îles du Mamoni sont couvertes de ces arbres au feuillage élégant et mélancolique comme celui de l'olivier.

Enfin apparaît la forêt vierge, imposante, et redoutable, au Darien surtout; épaisse barrière d'arbres et de lianes; les *quipos* gigantesques dressent leurs troncs rouges et lisses comme de larges colonnes de porphyre; les *acajous* et les *curutus* luttent de hauteur : les *curutus* dont un seul tronc peut être taillé en pirogue indestructible, capable de porter vingt-cinq ou trente bœufs[1].

Tandis que les différentes variétés d'arbres à caoutchouc élèvent haut leurs cimes luisantes, le stipe

1. A San-Carlos, l'auteur a compté 22 bœufs et un chargement de 3.000 bananes dans une embarcation indigène faite d'un même bloc de bois.

du palmier *elephantusia* ne dépasse pas 2 ou 3 mètres : ses noix donnent la *tagua* ou ivoire végétal, objet d'un commerce important : elles sont renfermées par groupes dans une sphère d'écorce hérissée d'épines peu pointues, brune, bosselée, et qui a reçu le surnom de *tête-de-nègre.*

Palmiers aux feuilles fines, arbres aux dômes imposants, lianes aux enlacements bizarres, se confondent, se mêlent, poussent, non les uns contre les autres, mais presque les uns dans les autres; ce fouillis, cet enchevêtrement de troncs, de rameaux, de feuillages et de racines aériennes, c'est la forêt vierge, cruelle pour plus d'un audacieux qui voulut la violer et qu'il faut aborder le couteau en main.

Son ombre trop épaisse étouffe les herbacées, qui, ne pouvant vivre qu'au soleil et à la lumière, poussent à la lisière des bois, ou dans les clairières; les sensitives apparaissent partout où le terrain est déblayé; nous nous souvenons d'avoir vu, aux environs de Yavisa, des champs entiers couverts de ces plantes délicates, qui se replient aux moindres attouchements, et nos pas laissaient derrière eux un large sillon décoloré et flétri, qui reverdissait aussitôt.

Plus que les sensitives, les lianes ont une structure et une existence bizarres; leurs variétés sont innombrables, leurs formes diversifiées à l'infini : les unes tombent droites, tantôt ténues comme un fil de soie végétale, tantôt grosses comme des câbles de navire; les autres se courbent et se replient, tournent autour des grosses branches et font des nœuds compliqués comme les enlacements des vipères; celles-ci sont quadrangulaires et leurs arêtes armées d'épines; celles-là, aplaties en larges rubans ou façonnées en chaînes à gros maillons qui relient entre eux des arbres éloignés. Souvent, quand la liane naissante est grosse à peine comme une ficelle, le vent la balance et la jette pardessus les rameaux d'un espavé ou d'un curutu croissant sur la rive opposée du fleuve; un pont végétal se forme plus solide à mesure que la ficelle grossit, et sur lequel peuvent bientôt passer les iguanes d'abord, les singes ensuite, les indigènes enfin.

Ces lianes, dont il est difficile de se figurer l'abondance en certaines régions, sont l'obstacle le plus sérieux à la marche à travers les forêts du Nouveau-Monde : leurs propriétés particulières sont étranges comme leur forme et leur existence même; car elles sont tour à tour poison violent ou remède énergique; parfois il suffit d'en couper un tronçon pour voir couler une eau fraîche et salutaire; tantôt, au contraire, une seule goutte de leur suc suffit à donner la mort. Nous eûmes l'occasion de remarquer sur la cuisse d'un nègre une profonde cicatrice; une goutte de *bejuco* était tombée là et avait produit une plaie qui le retint trois mois au lit.

Malheureusement nul n'a eu la patience d'écrire l'histoire naturelle de ces végétaux bizarres, et longtemps encore la médecine ignorera l'avantage qu'elle peut retirer de ces lianes, dont quelques-unes à peine sont utilisées par les indigènes; beaucoup fleurissent dans la saison sèche et les larges fleurs du *Membrillo* et du *Clavellina* le disputent en éclat et en grâce aux fleurs écarlates et violettes des passiflores, en bizarrerie aux fleurs difformes des aristolochiées, en parfum aux fleurs de certaines orchidées.

Les orchidées sont moins abondantes dans l'isthme américain et moins variées surtout qu'au Brésil; en de rares endroits seulement leurs gros bulbes (d'où vient leur nom) et leurs fleurs découpées en formes d'insectes ou de papillons se retrouvent sur toutes les branches; car, épiphytes ou parasites, elles ne fleurissent que haut dans l'air, sur un rameau qui leur sert de simple support ou de nourriture.

Les fougères arborescentes, plus fines, plus élégantes que les palmiers, ne croissent que sur les plateaux plus élevés, à la hauteur où naissent les grands bambous qui parfois forment de véritables forêts; nous les avons vus surtout dans la grande Cordillère de Colombie aux environs du Quindio; les fougères de taille inférieure se trouvent partout côte à côte avec quelques représentants de la famille des malvacées et des roseaux, qu'il suffit de couper entre leurs nœuds pour avoir un vase rempli d'eau; ressource précieuse quand les ruisseaux desséchés se changeaient en bourbiers.

Les cocotiers, les calebassiers et les bananiers ne croissent pas à l'état sauvage; on les rencontre autour des habitations ou dans les anciens défrichements, revenus à leur état primitif de forêt; le cocotier et le bananier sont des arbres précieux et forment la plus grande partie de la nourriture indigène; le calebassier, noueux, tordu, aux feuilles exiguës, porte des courges dont la grosseur varie depuis celle d'une orange jusqu'à celle d'un gros boulet. Ces fruits coupés en deux et vides forment des vases naturels, *tutumas*, dont l'usage est général; jamais les nègres ou les Indiens n'emploient d'autre vaisselle. Le col du Guiscoyol, tout planté de ces calebassiers monstrueux, dignes d'appartenir à la flore australienne, présente une physionomie inoubliable.

Le palmier royal fournit une nourriture succulente; le cœur de cet arbre constitue le chou-palmiste, dont la chair fraîche et fine rappelle les amandes vertes ou les meilleures noisettes. Ce fut toujours dans les forêts du Darien notre régal préféré; malheureusement, pour conquérir le chou-palmiste, il faut abattre le palmier, ouvrage long et difficile.

Les animaux sont nombreux dans ces grandes forêts rarement troublées par le passage de l'homme; tout en haut se jouent les aras aux nuances criardes comme leurs voix, les bandes de perroquets, les essaims de perruches nasillardes; les *urupendulos*, qui vivent en république et suspendent aux branches élevées leurs nids singuliers en forme de bourses allongées; sur les branches courent les iguanes hideux et inoffensifs; la chair de ces grands lézards est coriace, mais leurs œufs sont exquis; souvent les indigènes, pour retirer ces œufs convoités, se contentent d'ouvrir le ventre de l'iguane, qui, remis en liberté, ne semble pas souffrir de cette opération.

Plus lestes que les iguanes courent les singes; ils sautent d'un arbre à l'autre en s'aidant des lianes, leurs cris sont assourdissants, et la voix puissante du

Hurleur imite, à s'y méprendre, le rauquement du tigre.

Enfin, entre les troncs immenses, les pumas, les jaguars, les chevreuils, les pécaris, les tapirs et les agoutis, sillonnent la forêt; sous les feuilles dorment les reptiles craintifs et fuyant à l'approche de l'homme, ne mordant que si on les foule par mégarde; parfois ils se retirent sur les arbres et restent paresseusement assoupis à la fourche de deux branches.

Aucun de ces animaux n'est réellement dangereux; les alligators dont quelques-uns atteignent des dimensions énormes, dorment paresseusement sur les bancs de sable et cèdent sans maugréer leur place à l'homme; lions d'Amérique, boas constrictors ou vampires qui sucent le sang en endormant leurs victimes sont moins à craindre que les insectes; les *rodadores* laissent après leur piqûre une petite vésicule rougeâtre qui occasionne une vive démangeaison; les chiques s'introduisent sous la peau et y pondent leurs œufs; les moustiques ne laissent pas un instant de repos; les variétés de garapattes : *coloradillos, curcus, bucheros,* implantent leurs têtes sous l'épiderme et provoquent à la longue des plaies douloureuses et de pénibles insomnies; les scorpions et les araignées sont innombrables; enfin les fourmis de feu (*hormigas de fuego*), par une seule morsure cuisante, peuvent donner une fièvre de trois jours.

Si la vie est intense dans la forêt, elle ne l'est pas moins dans les eaux des fleuves et sur leurs rives; tandis que les lézards hauts sur pattes, fouettant leur queue à coups pressés, traversent la rivière en courant sur les flots, les grands alligators s'étalent au soleil la gueule large ouverte et les tortues demeurent immobiles sur les roches émergeantes ou les troncs flottants; les martins-pêcheurs, les grues et les hérons rasent la surface de l'eau et la rayent parfois du bout de l'aile; les lamantins viennent paître indolemment les roseaux qui garnissent la rive; dans les eaux peu profondes se jouent des bandes de petits poissons argentés grands comme des sardines; dans les remous et les auges viennent se réfugier les grands sabalos à la chair savoureuse qui bondissent hors de l'eau pour saisir leur nourriture au vol.

La mer est plus mal habitée : les côtes sont menacées par de nombreux requins; heureusement si les squales et les narvals pullulent, les poissons comestibles ne sont pas moins nombreux; les coquillages sont abondants; les polypiers continuent chaque jour leur travail de construction sous-marine.

La population est loin d'être en rapport avec la richesse de la végétation et la puissance de la vie animale ; elle se divise en trois groupes principaux : le groupe indien, le groupe nègre et le groupe blanc.

L'Indien offre dans toute l'Amérique, malgré le grand nombre de tribus, un type presque uniforme et un tempérament presque pareil : ses mâchoires et ses pommettes sont saillantes; ses yeux légèrement obliques ont des regards perçants; sa chevelure abondante, généralement séparée par le milieu, ne blanchit presque jamais; quant à un Indien chauve, c'est un véritable phénomène.

L'Indien pur sang n'existe que dans de très rares

localités : mais, chez tous les métis, les deux sens de la vue et de l'ouïe sont développés d'une façon merveilleuse; à défaut d'intelligence, ces hommes possèdent un instinct surprenant; après mille détours dans une forêt dont tous les arbres sont pareils, après des voyages de deux ou trois jours, l'Indien connaît parfaitement sa position et revient à son point de départ par la ligne droite.

Son caractère est doux, presque craintif, il est fait pour l'obéissance absolue, il aime et respecte ceux qui le mènent durement; il est grand partisan de l'oisiveté et laisse aux femmes le travail manuel, se réservant la chasse et la pêche, dans lesquelles il est passé maître : il refuse même de cultiver les bananiers sur lesquels il pourrait, sans fatigue, cueillir sa nourriture quotidienne; bêcher la terre lui semble indigne de lui; il préfère percer de ses flèches le poisson du fleuve ou les dindes sauvages : rarement sa flèche s'égare, car il manie l'arc depuis son enfance : c'est son premier jouet.

Rarement il repousse par la violence les intrus qui pénètrent dans sa forêt : M. Reclus entra seul chez les Indiens Acanti. Il les trouva le visage barbouillé d'ocre et de vermillon; leur attitude était hostile, mais ils laissèrent paisiblement se retirer ce blanc qui venait aussi hardiment troubler leur solitude : leur chef Oui-sapi-Lele, d'un âge très avancé, car des fils d'argent se mêlaient à ses cheveux d'un noir mat, prêta même, en rechignant, deux pirogues à M. Reclus pour remonter un fleuve inconnu jusqu'alors, le Tolo.

L'Indien se sent mal armé pour lutter contre la civilisation qui ouvre aujourd'hui les forêts les plus profondes : il fuit le contact du blanc parce qu'il comprend combien le contact de cette race conquérante lui est fatal; il ne peut vivre à côté d'elle; il se résigne à son infériorité, abandonne avec résignation la place qu'il occupait et cherche dans ses forêts vierges une retraite que n'aient pas encore violée les blancs, plus âpres au gain, plus hardis, plus forts, plus carnassiers.

Les noirs ont dans l'isthme américain, le Tehuantepec excepté, une importance beaucoup plus considérable que les Indiens. Leur constitution énergique résiste à toutes les attaques d'un climat débilitant : les pluies torrentielles glissent sans l'amollir sur leur peau huileuse, sur laquelle glissent également, sans la brûler, les rayons d'un soleil toujours ardent : leurs membres sont forts, leur charpente bien établie, et ils ont de beaucoup plus grandes aptitudes pour certains travaux : la réputation des mariniers du Honduras est universelle comme la réputation des bûcherons du Sinu.

Ils font traverser à leurs pirogues, en se jouant, les rapides les plus écumants; ils marchent sans repos durant des journées entières : tantôt ils emploient le *canaleie* ou pagaie, et les *palancas*, longues perches de bois dur et vibrant comme l'airain; tantôt par les profondeurs insuffisantes, ils s'attellent à un câble et traînent l'embarcation sur les bancs de gravier : un arbre se présente-t-il qui barre le passage, ils disposent sur le tronc des lambeaux d'écorce savonneuse du *guaruma*, et lançant la pirogue à toute volée, la font sauter par-dessus l'arbre dont la surface est devenue glissante.

Nul ne manie avec plus d'adresse et de vigueur le

machete ou sabre droit, avec lequel ces noirs se frayent un chemin à travers les fouillis les plus impénétrables; lianes et arbustes tombent sans arrêt autour d'eux; entre leurs mains le coutelas et la hache américaine décrivent des courbes multipliées. Pedro Garcia, un des bûcherons employés par M. Wyse, avait l'habitude de se couper les ongles avec son grand *machete*, et l'employait avec autant d'adresse de la main droite que de la main gauche. Le *capataz* José, chargé de couper un sentier en ligne droite, plantait une suite de piquets et ne déviait aucunement de la direction à suivre; le même contre-maître apprit en deux séances le maniement des appareils photographiques.

Ces noirs singuliers se montrent, *pour qui sait les choisir*, dévoués et fidèles; leur bonne humeur est inaltérable, et leur résistance à la fatigue est très grande; jamais ils ne refusent après une journée d'un labeur écrasant, de reprendre un travail plus pénible encore que celui de la veille.

Il leur faut au reste un tempérament exceptionnel pour pratiquer leurs deux métiers : la récolte de la tagua et la recherche du caoutchouc; ils se voient obligés à passer des semaines entières dans la forêt, ne prenant qu'une nourriture insuffisante, cheminant dans les rivières, dormant sous la pluie, enfoncés jusqu'à mi-corps dans les marécages.

Autrefois les arbres à caoutchouc abondaient au Darien; mais les nègres, toujours imprévoyants, les ont abattus pour faire une récolte plus productive. Ils sont obligés aujourd'hui de se rejeter sur la tagua qui ne leur donne, malgré un labeur acharné, que de minces bénéfices.

La population blanche est de beaucoup la plus restreinte : elle est presque nulle au Tehuantepec et ne compte que des représentants clairsemés dans l'isthme de Rivas et à Greytown. A Panama, un transit important a provoqué la formation d'un noyau blanc autour duquel sont venus se grouper des nègres et des métis; cette ville compte aujourd'hui dix-huit mille habitants.

Une grande transformation s'est opérée dans les mœurs des habitants de l'isthme de Panama depuis l'établissement du chemin de fer. Mais le temps n'est pas éloigné où les différentes stations étaient autant de coupe-gorge.

A l'époque où *la fièvre de l'or* poussait en Californie des troupes d'émigrants, la traversée de Panama se faisait en partie en canot, en partie à dos de mules ; les voyageurs remontaient le Chagres jusqu'à Cruces et de là suivaient une route pénible, le plus souvent défoncée.

Ce passage était dangereux; maintes fois, sur le fleuve, les nègres firent chavirer les pirogues et noyèrent les passagers pour recueillir leur succession. Les bandits de toutes nations s'embusquaient au détour de la route et tombaient sur les voyageurs isolés ; les convois étaient arrêtés et pillés; le courrier fut plus d'une fois égorgé. — Le transit qui avait abandonné, comme trop longue, la route par San-Juan del Sur, la Virgen, le lac et le San-Juan du Nicaragua, était disposé à abandonner aussi la route par Panama comme trop périlleuse.

Enfin un Américain du Nord, âgé de vingt ans à peine, mais d'une audace peu commune, mit en pratique les mœurs du Texas et du Far-West. Il proclama la loi de Lynch, organisa une troupe de hardis batteurs d'estrade, et courut sus aux larrons. Ran Runnell purgea l'isthme ; de nombreux corps de bandits furent bientôt pendus aux branches ; ils y demeuraient attachés comme un exemple de châtiment rapide. Bientôt les bandits émigrèrent à leur tour, et courriers, convois et voyageurs, grâce à l'Américain Runnell, passèrent sans inquiétude.

Dans les différentes républiques du centre-Amérique, le peu de stabilité des institutions et le caractère inquiet des habitants, permet aisément aux aventuriers de jouer des rôles importants sur la scène politique. L'épopée de Raousset-Boulbon date d'hier ; la longue lutte de l'Américain Walker au Nicaragua est toute récente ; cependant chaque jour ces aventures tendent à devenir moins fréquentes ; et grâce aux communications constantes avec l'Europe, ces républiques trop jeunes arriveront sans tarder à la maturité.

Le climat trop énervant et la température trop élevée empêchent les blancs de se livrer à des travaux aussi fatigants ; ils ne peuvent non plus prétendre en général à la vigueur physique des nègres, à la patience ni aux sens des Indiens ; aussi se sont-ils réservé le rôle le plus important, mais pour lequel la vigueur et la santé sont le moins nécessaires : ils tiennent entre leurs mains le haut commerce, et les différentes administrations qui en faisant travailler les infimes font prospérer le pays entier.

Indiens, blancs et noirs se croisent fréquemment; mais l'Indien, obéissant à la loi fatale qui veut l'anéantissement des faibles, disparaît peu à peu; déjà en certaines contrées, à Panama par exemple, les deux autres races restent seules en présence : l'une réservée aux services corporels, l'autre à la direction de ces services, la race noire défiant le climat par son tempérament même, et la race blanche luttant contre lui grâce à sa volonté et à son énergie morale.

VI

Explorations incertaines.

L'isthme américain dont nous avons essayé de reproduire à grands traits la physionomie générale a été parcouru en tous sens par des explorateurs savants et hardis qui ont pénétré sans crainte dans ces régions inconnues. Les projets utiles et glorieux séduisent souvent, à cause de leurs périls mêmes, les esprits généreux, et il est juste de rendre un hommage éclatant à tous les hommes qui, sans avoir réussi, ont tenté de réussir.

Mais, à côté de ces vrais chercheurs, existe une pléiade d'intrigants qui essaya de capter la confiance du public. Ces gens-là, mettant en pratique le proverbe : *A beau mentir qui vient de loin*, ont raconté par le menu des explorations imaginaires et se sont vantés de voyages qu'ils n'avaient jamais accomplis, de dangers qu'ils n'avaient jamais courus.

Enfin une troisième série a élaboré un grand nombre de propositions pour un canal interocéanique : enthousiastes, rêveurs ou philanthropes, ils ont fait bon marché de toutes les difficultés, et s'ils ont décelé une grande bonté de cœur, ils ont révélé en même temps une grande ignorance des choses pratiques, et une inconscience absolue des difficultés auxquelles ils se heurtaient : nous ne sommes plus au siècle où la foi transportait les montagnes... à moins qu'elle ne s'appuie sur la science.

La plus étrange conception peut-être, à laquelle ait donné lieu le percement du grand canal interocéanique fut le projet d'Ayriau. Sur la foi du docteur Cullen, il adoptait la route du Savana, et, sans tenir aucun compte du terrain, il traçait un canal idéal ; sur ses deux rives il bâtissait des fermes exemplaires, il délimitait d'ores et déjà l'emplacement des cannes à sucre et celui des navets ; il donnait maints détails minutieux sur l'organisation d'une colonie modèle, il bâtissait des écuries et des étables pour un nombre déterminé de chevaux, de bœufs et de moutons ; quant aux roches à extraire, aux remblais à élever, aux ports à établir, il n'en soufflait mot. Qu'importe ! il faut respecter une conviction aussi erronée, mais aussi absolue.

Dans le même ordre d'idées il faut ranger différents projets, tels que le transport des navires à travers l'isthme dans des docks mobiles traînés par de gigantesques locomotives ; les inondations à perte de vue de la vallée du San-Juan ; enfin le canal à niveau du Nicaragua obtenu en desséchant le grand lac.

Le docteur Cullen est moins excusable qu'Ayriau. Il affirmait que la grande chaîne de montagnes américaines courant du détroit de Behring au détroit de Magellan « n'est point continue et sans brisure; elle est divisée par des vallées transversales dans lesquelles courent l'Aglaseniqua, l'Atomate et d'autres rivières dont la plus grande altitude ne dépasse pas 150 pieds. » Sur ces affirmations au moins prématurées et appuyées d'une façon purement théorique par Fitz-Roy, s'organisa la société Fox et Cie, forcée bientôt de reconnaître des erreurs de plus de 200 mètres dans les estimations du docteur Cullen.

Lorsqu'en 1870, Selfridge examina la route proposée par Cullen, il écrivit dans son rapport cette phrase significative : « Nos chiffres démolissent l'invention du docteur Cullen et sa route du Darien avec une hauteur maximum de 200 pieds[1]. »

Dans ces contrées, dont le nom même était souvent ignoré du public, le faux et le vrai se sont souvent combattus; aussi de nombreuses légendes ont-elles circulé sans qu'au Darien surtout, un contrôle sérieux vînt les rejeter au rang des fables. Parmi ces légendes, il faut citer l'existence d'un canal qui permettrait aux embarcations de passer du Pacifique dans l'Atlantique; Humboldt a parlé le premier de cette communication, connue en Colombie sous le nom de *canal du prêtre*.

Don Rafaël Antonio de Cereso, gérant d'une propriété appartenant aux Mosquera (de Popayan), et don Francisco Sea, gérant de Rosa Salinas (de Cali), résolurent un jour, pour mettre fin à d'interminables que-

1. *Prikes the bubble of doctor Cullen Darien's route with its highest elevation of two hundred feet.*

relles de limites, de creuser comme démarcation précise une rigole qui, partant du Perico, aboutissait au Raspadura, tributaires l'un du San-Juan, l'autre de l'Atrato, fleuves qui se déversent, le premier dans l'Atlantique, le second dans le Pacifique.

Ces deux ruisseaux prennent leurs sources sur un plateau aux pentes indécises, sans aucun versant accusé; une pareille disposition du sol, fréquente d'ailleurs, et dont les analogues se retrouvent en tous pays, permet à cette tranchée, après les pluies torrentielles, de se remplir d'un liquide bourbeux; une pirogue glissant sur cette vase a donc pu passer de l'un à l'autre océan. Mais s'il est aisé de pratiquer cette opération avec une embarcation qui porte quelques régimes de bananes, il est impossible de la réussir dès qu'il s'agit d'un grand steamer qui porte l'approvisionnement de toute une ville, ou même d'une modeste goëlette chargée de quinze ou vingt sacs de riz. Au Brésil même, dans les environs de Diamante, les légères *canoas* passent à dos d'homme des affluents de l'Amazone aux affluents de Rio de la Plata; et s'il faut en croire les *on dit*, le Madeira communiquerait par une rigole naturelle avec les affluents du Paraguay.

Tous ceux qui attribuent une importance exagérée aux estimations et aux *racontars* des indigènes peuvent croire à des passages faciles; en maint endroit du Darien, les sources de deux ruisseaux appartenant à des versants opposés se touchent; la source du Tihule, par exemple, est tellement rapprochée de la source du Nalubquia que la voix porte aisément d'une rivière à l'autre, mais elles jaillissent de sommets si élevés que cette route est impraticable.

Les indications fournies par les indigènes sont nombreuses du reste et contradictoires, et l'explorateur qui leur prête une oreille trop complaisante s'expose à de cruelles déceptions. Les grands propriétaires de la région, désireux de se faire exproprier à prix d'or si le canal traverse leurs terres, les simples nègres, désireux de vendre à meilleur compte leurs œufs et leurs modestes bananes, donnent de mirifiques renseignements : toujours ces cols traversent les domaines ou le *potrero* du donneur d'avis.

A Colon, un magistrat du pays, héritier de documents inédits, prétend connaître une dépression étonnante, dont la plus grande élévation ne dépasse pas 8 mètres. M. Wyse, habitué à ces communications, mais ne voulant négliger aucune chance de réussite, si illusoire qu'elle pût lui sembler, promit une très forte somme d'argent au possesseur de ce merveilleux passage, s'il consentait à l'accompagner et à lui révéler le *secret de l'isthme*. Ainsi que l'avait prévu M. Wyse, M. Sucre déclina cette offre catégorique. Il affirme depuis que, trop bon patriote pour recevoir les millions d'un étranger, il réserve au gouvernement colombien cette importante découverte. Hélas! le traité de concession interdit au gouvernement d'utiliser cette précieuse découverte et annihile le trop beau dévouement de M. Sucre.

De telles assertions sont peu surprenantes si l'on réfléchit que le colonel Farrand a pu librement affirmer être venu en steamer au confluent du Chelop, c'est-à-dire avoir franchi, toujours en vapeur, vingt rapides, trois hautes palissades formées de troncs d'arbres accumulés et les marais fangeux du Caquirri presque infranchissables pour des pirogues même.

Les assertions même de M. de Puydt n'ont-elles pas joui d'un certain crédit, jusqu'au moment où les doubles affirmations du commander Selfridge et du lieutenant de vaisseau Wyse, basées sur un contrôle sérieux, sont venues lui infliger en plein Congrès international un démenti cruel et mérité?

A côté de ces erreurs au moins inexplicables, l'aspect du terrain a fait naître une quantité d'erreurs involontaires, et des observateurs superficiels se sont trop hâtés de conclure. Le sol, couvert partout d'une haute forêt, dérobe sous un manteau de verdure sans plis ses aspérités et ses renflements. Souvent, l'on s'imagine voir s'étaler devant soi une plaine, tandis qu'en réalité se développe une succession de petites collines. Le voyageur se rebute aisément devant les difficultés sans nombre d'une marche à travers les lianes; il observe de loin et reproduit, non ce qui *est*, mais ce qui lui *semble être*.

L'on doit avouer, il est vrai, que pour atteindre un résultat certain, il faut faire preuve à tout moment d'une grande énergie de caractère et de santé : les observations se font tantôt dans la boue, tantôt dans la rivière; sous un soleil brûlant ou sous des pluies persistantes; dans la forêt sans air, sur des pentes raides; toujours les situations sont incommodes; l'équilibre des instruments est long et difficile à obtenir, aussi faut-il pour des opérations précises une patience à toute épreuve qui ne se laisse déconcerter ni par des chutes nombreuses, ni par les piqûres des insectes, ni par la maladresse des porte-mires, ni par la rectification continuelle des instruments. Ceux-là seuls qui ont opéré au Darien peuvent comprendre l'énervement, l'irritation et les accès de colère qui s'emparent du plus calme, après mille tentatives infructueuses.

L'on ne saurait donc admirer assez vivement la patience et l'énergie des hommes qui, depuis quelques années, ont présenté au public des travaux minutieux et précis, des nivellements exacts et des cartes presque parfaites : ces hommes ont dépensé un courage et une persévérance capables d'étonner ceux qui connaissent les forêts tropicales; ils ont montré une ténacité incroyable, car ils ont lutté sans un instant de repos contre la fatigue, la maladie, les privations de toute nature, contre la forêt vierge, enfin contre leur propre découragement, parfois même contre l'abandon des leurs.

D'autres, il est vrai, moins bien trempés et moins énergiques se sont contentés de se fier à leurs regards, ou d'établir leurs calculs sur de simples hypothèses. Les uns ont mesuré les hauteurs des différents cols par des observations barométriques insuffisantes; d'autres par la vélocité des ruisseaux, ou le nombre et la pente des rapides; l'on a fréquemment invoqué des indices comme des preuves : l'on a cru pouvoir déterminer des altitudes par le point d'ébullition de l'eau, par l'aspect des cailloux roulés et leurs angles plus ou moins ébarbés, par la différence des végétations, par les changements de température; l'on a cru découvrir les passages les plus bas en suivant les vols de *pisisis* ou canards sauvages, qui se dirigent ordinairement vers les défilés les moins élevés; opinions de trappeur qui peuvent tout au plus servir d'indications premières.

L'auteur d'un projet de canal par le Nicaragua n'a-t-il pas dans son rapport estimé la hauteur des montagnes par le nombre de leurs arbres superposés, et n'a-t-il pas écrit : « On juge facilement de l'élévation des collines par les hauteurs successives des arbres qui s'y trouvent échelonnés »? et : « Les épaisses murailles de verdure qui émergent du fond du fleuve lui-même s'élèvent parfois de chaque côté à deux, quatre, six hauteurs de grands arbres »? Mesure aussi inusitée que peu précise.

Mais nous nous sommes étendu trop longuement déjà sur des explorations dont les résultats ne furent pas appréciables pour la science, qui rangea simplement leurs auteurs au nombre des conteurs agréables, et il nous semble temps de quitter la fantaisie pour entrer dans la réalité.

VII

Principales explorations de l'Isthme.

Les projets étudiés en descendant du nord au sud sont :

Tehuantepec.

Les principales autorités auxquelles on puisse se reporter sont le tracé du colonel Barnard, 1851, pour un chemin de fer, et le tracé du commander Shufeldt pour un canal interocéanique, 1870. Parmi les défenseurs de ces projets figurent le général Orbegoso et M. José de Garay, qui a exécuté d'importants travaux au Mexique, et qui même obtint, en 1842, un privilège pour l'établissement des communications interocéaniques.

L'on peut s'étonner à bon droit que le tracé par le Tehuantepec. ait trouvé d'énergiques partisans : car il n'offre que deux avantages propres au Tehuantepec même : la salubrité de la contrée et les ressources d'une population plus nombreuse que partout ailleurs dans l'Amérique centrale. Il faut remarquer en effet que ses richesses végétales sont communes à toutes les autres parties du grand isthme.

L'énumération des désavantages est courte, mais de nature à faire rejeter entièrement cette route : aucun port aux deux extrémités, cent quarante-quatre milles de canalisation, cent quarante écluses; enfin un bief de partage dont l'altitude se chiffre par 237 mètres.

Don José de Garay a proposé, en augmentant les tranchées, de diminuer le nombre des écluses ; ce nombre malgré la diminution proposée, serait encore de cent vingt écluses; quant aux sommes d'argent à dépenser, elles restent en dehors de toute estimation : la traversée d'un tel canal exigerait de douze à quatorze jours.

Le capitaine Shufeldt avait rempli avec exactitude la mission dont les États-Unis l'avaient chargé; son rapport abonde en profils, en cartes, en documents exacts, mais il n'avait pu que constater à nouveau les difficultés insurmontables signalées dès 1851 par son compatriote le colonel Bernard, dans une étude d'un chemin de fer entre l'Atlantique et le Pacifique. Dès le début, le canal interocéanique par le Tehuantepec fut jugé et condamné sans retour.

Honduras.

En 1853, E.-G. Squier et Jeffers étudièrent une ligne de chemin de fer qui, partant de la magnifique baie de Fonseca sur le Pacifique, traversait les républiques du San-Salvador et du Honduras et touchait à Comayagua pour aboutir à Puerto-Caballos sur l'Atlantique. Cette voie n'a aucune importance pour un canal interocéanique : elle en avait peu, paraît-il, pour un chemin de fer, car chacun se rappelle encore la retentissante faillite de la compagnie qui tenta de l'exécuter.

Nicaragua.

Le Nicaragua, plus avantagé par la nature que les régions précédentes, semblait offrir de grandes chances de succès et devait séduire les explorateurs mieux que toute autre contrée.

Le lac de Nicaragua fut découvert en 1534 par Andrès Cerneda et Gonzalès d'Avila; déjà Gomara, dans son *Histoire des Indes*, propose de couper l'isthme au Tehuantepec au Nicaragua ou à Panama.

A la fin du siècle dernier, les Anglais Hodgson et Lee firent une rapide reconnaissance dans le Nicaragua; Nelson et Parker, dont les expéditions échouèrent si complètement, estimaient que « le Nicaragua commande le seul passage » entre l'Atlantique et le Pacifique.

En 1847, A. de Bulow dresse une carte exacte de la rivière San-Juan; et, en 1850, le colonel Childs détermine un tracé qui court de Greytown à Brito. Un peu après, en 1858, M. Thomé de Gamon envoya au Nicaragua M. Belly, qui proposait de suivre la rivière Sapoa et de déboucher dans la baie de Salinas.

Les projets par le Nicaragua sont nombreux et différents : tous empruntent, il est vrai, le Rio San-Juan jusqu'au lac, mais là ils rayonnent dans des directions opposées, affectant la disposition d'un éventail dont le San-Juan serait le manche; plusieurs routes traversent le lac Managua; parmi ces dernières, l'une fut proposée par le prince Napoléon. Tous les projets traversent le lac. Les beaux travaux de l'expédition américaine en 1870 sont venus démontrer que Childs avait du premier coup trouvé la route la plus favorable. Les devis du colonel Childs ne s'élèvent qu'à une somme très restreinte, moins de 200 millions; mais le colonel Childs ne donnait à son canal qu'une largeur de 50 pieds, et une profondeur de 17 pieds : les dimensions actuelles de nos navires rendent ces proportions très insuffisantes et leur moindre augmentation doublerait les dépenses.

Le colonel Childs a pu indiquer de prime abord le passage le plus rationnel, parce que la configuration même du pays permet difficilement aux recherches rationnelles de s'égarer : la route entre l'Atlantique et le lac est tout indiquée par le San-Juan; l'isthme entre le lac et le Pacifique est d'une étendue restreinte, coupé de chemins faciles; enfin les cols les plus bas sont aisés et très pratiqués par les habitants du pays.

Nous avons vu cependant que, malgré la constitution physique du pays, beaucoup d'explorateurs, amateurs sans doute de la difficulté vaincue, partant tous du San-Juan, ont cependant choisi pour points d'arrivée Realejo, San-Juan del Sud ou même la baie de Fonseca; — tous ces projets, rationnels ou illogiques, ont deux points communs, la traversée du San-Juan et la construction d'écluses.

En 1870, la commission américaine examina avec le plus grand soin les tracés par le Nicaragua, et elle se détermina à choisir l'itinéraire par Greytown, le San-Juan, le lac, le rio del Medio et Brito; mais elle commit à mon sens une grave erreur : elle voulut construire à travers le Nicaragua un grand canal maritime sur le plan des canaux fluviaux; elle négligea complètement les facilités que pouvaient lui offrir la surélévation successive des plans d'eau et l'inondation des vallées; elle commit la même erreur pour son canal à écluses par Panama.

Thomé de Gamond, le même qui expédia de nombreux explorateurs dans le Nicaragua et faillit les y laisser mourir de faim, Thomé de Gamond avait mis à profit cette idée ingénieuse : après lui, M. Blanchet s'inspira de ses plans et de ses cartes et, exagérant cette idée, la rendit impraticable.

Parmi ceux qui ont dressé les plans du Nicaragua

et contribué à éclairer l'opinion publique sur la valeur d'un canal à travers cette république, les noms principaux sont : Childs, Lull et Menocal; les nombreuses études de M. Menocal sont remarquables par leur clarté et leur précision; c'est lui qui, soutenu par l'amiral Ammen, a supporté devant le Congrès international tout le poids de la discussion. Les autres noms à citer sont ceux de MM. Michel Chevalier, Fay, Childs, Sonnenstein, Mainfroy, Belly, Paul Levy, Hatfield, Leutze, Miller, Mac-Farlane, Mitchell.

L'infortuné Crossman, chef de la première commission américaine, se noya sur la barre de Greytown, victime à laquelle nul ne ménagera ses regrets et sa sympathie.

Panama.

On ne compte qu'un petit nombre d'explorations à travers l'isthme de Panama; ici également les routes à suivre sont peu différentes et les différents tracés varient à peine.

A Napoléon Garella, ingénieur des ponts et chaussées, revient l'honneur d'avoir le premier présenté une étude complète et sérieuse. Dès l'année 1843, il proposait de creuser un canal entre la baie de Panama et le golfe Limon : déjà il émettait l'idée hardie de creuser un vaste tunnel capable de donner libre accès aux plus grands navires : malheureusement il parlait à une époque qui n'avait pas encore vu les miracles mécaniques de nos dernières années; son projet n'excita que des sourires.

C'est un projet analogue pourtant, présenté par deux lieutenants de vaisseau, débarrassé par eux de ses principaux obstacles, et par eux mis au point de la science moderne, c'est un projet analogue que M. de Lesseps a jugé digne de son appui et qu'il a fait triompher devant le grand Congrès international.

Le projet de Garella comportait un certain nombre d'écluses, tandis que celui de MM. Wyse et Reclus n'en comporte aucune, et si les deux tracés, celui de l'ingénieur des ponts et chaussées et celui des deux officiers de marine se rapprochent en quelques endroits, en d'autres points ils s'écartent; et sans vouloir en rien rabaisser la gloire de Napoléon Garella, il importe de faire remarquer que son projet diffère autant du projet Wyse, que si l'un passait par Panama et l'autre par le Darien.

Les projets de la commission américaine, comme celui de Garella, exigent des écluses. Faisant l'historique des différents projets, nous n'entrerons pas encore dans la discussion des inconvénients qu'entraînent les écluses, et, pour le moment, nous nous contenterons de faire remarquer que ces inconvénients ont paru assez graves pour faire rejeter tout tracé à écluses.

En 1849, le colonel Hughes dirigea une expédition chargée de choisir l'emplacement d'un chemin de fer; en 1852, le colonel Totten opère un relevé exact de la région entre Panama et Aspinwall; à ces documents authentiques et dignes de foi, il faut ajouter les cartes et les renseignements géodésiques du docteur Moritz Wagner, et les travaux du géomètre anglais Harrisson (1857).

Enfin, tout récemment en 1878, la Commission internationale, revenant du Darien, a inspecté cette route avec la plus grande attention. M. Wyse, après avoir examiné le Rio-Grande, le Caimitillo, le Pedro-Miguel et le Bernardino, fut forcé de partir pour le Nicaragua, et chargea MM. Reclus, Soza et Lacharme de continuer son œuvre. Le résultat fut satisfaisant; la route de M. Wyse est aujourd'hui adoptée pour le percement du canal interocéanique.

San-Blas.

L'isthme de San-Blas est la partie la plus étroite de l'Amérique centrale: malheureusement ce n'est point le passage le moins élevé, et les espérances que son peu d'étendue avait fait concevoir devaient être détruites par sa grande élévation et la dureté de ses roches.

En 1864, un important capitaliste de New-York, M. Kelley, chargea Mac-Dougal de relever ce passage entre la rade de Chepillo et la baie de San-Blas, en utilisant le Nercalegua, le Mamoni et le Bayano.

Cette route fut parcourue en 1868 par M. Wyse qui pénétra chez les Indiens d'Aguas-Claras; par les Américains Selfridge, Lull, Sullivan et Hubbard en 1870;

enfin par la Commission internationale, Wyse, Reclus, Soza et Lacharme en décembre 1877.

Un tunnel de 11 kilomètres au moins est commandé par le massif montagneux qui se dresse entre les deux Océans. Cette difficulté a semblé trop grande pour pouvoir être économiquement surmontée.

Darien.

Le Darien est très étendu : ses rivières sont nombreuses, ses vallées profondes et orientées suivant des directions différentes ; aussi ne peut-on s'étonner du grand nombre de passages qu'il semble offrir soit directement entre l'Atlantique et le Pacifique, soit entre les affluents de la Tuyra et de l'Atrato, de l'Atrato et du San-Juan ; soit encore entre la Tuyra et l'Atlantique, ou entre l'Atrato et le Pacifique.

Donc, avant d'avoir contrôlé ces différents passages les explorations durent être nombreuses ; beaucoup furent contrariées par les Indiens, beaucoup par le climat, et le Darien a enrichi le martyrologe de la science.

Les flèches indiennes jettent sur le sol les compagnons de Prévost ; Patterson voit succomber ses amis ; Strain s'égare dans les forêts impitoyables, sa petite troupe périt presque entière de faim et de fatigue ; lui-même, trop durement éprouvé, meurt en mettant le pied sur le sol des États-Unis.

En une seule année, la plus fatale de toutes, le

Français Bixio, l'Anglais Brooks, l'Italien Musso, succombent à des affections contractées dans une atmosphère mortelle; M. de Lacharme s'éteint à son retour en France. Peu d'explorateurs furent plus éprouvés que les explorateurs de la Société internationale : qu'il me soit permis de saluer au passage ces morts glorieux, dont plusieurs furent mes amis personnels, et, aujourd'hui que les idées du général Türr et du lieutenant de vaisseau Wyse ont reçu la plus éclatante consécration, de déplorer amèrement l'absence de ces héros morts au travail. Ils furent à la peine... ils ne sont pas à l'honneur.

Les explorations, les recherches, les *surveys* de toute nature se succédèrent longtemps au Darien; en 1849, le docteur Cullen signale un chemin facile entre le Sabana, tributaire de la Tuyra, et la baie Calédonie; en 1852, Kelley, le même qui devait plus tard faire inspecter l'isthme de San-Blas, fait examiner trois passages de l'Atrato : il envoie successivement Trautwine, Lane et Kennish.

Trautwine remonte l'Atrato jusqu'à Quibdo, suit le Quito, le Pato et sort sur le Pacifique à l'embouchure de la rivière Baudo; il inspecte sommairement le Pepe, le San-Juan et traverse, dit-on, à trois reprises les Cordillères. Lane parcourt le Truando; Kennish est chargé de relier la baie de Cupica à l'Atlantique. Ces travaux, exécutés trop rapidement, manquaient de précision et furent des reconnaissances plutôt que des nivellements.

En 1853, Cullen et Gisborne continuent la série des explorations; en 1853 et 1854, Prévost, Patterson Strain et Jauréguiberry repoussés par les Indiens, en proie à des privations excessives, ne rapportent aucun document; c'est dans la région du Lara et du Savannah que périssent Patterson et ses Écossais et que meurt Strain, confondant le Chucunaque avec le Savannah.

Hellert, qui fait une longue description du Darien, n'a jamais dépassé Pinogana; Hopkins et Wheelwright ne nous transmettent aucune observation nouvelle; en 1858, Michler relève l'Atrato-Truando.

En 1860, M. Lucien de Puydt et M. Bourdiol partent de la baie San-Miguel; ils ont formé le projet de traverser l'isthme entier, mais ils s'arrêtent prudemment à un affluent du Chucunaque situé à 12 milles en amont du Savannah; cette excursion de quelques heures sera le point de départ du plan de leur canal entier.

En 1864, M. Henri Bionne propose de faire passer un canal interocéanique par le Rio Arquia, le Paya et la Tuyra et demande le premier la réunion d'un Congrès.

En 1865, M. de Puydt, qu'un premier insuccès n'a point découragé, demande qu'on établisse un canal interocéanique en partant de Puerto-Escondido, suivant le Tanela, puis les vallées du Pucro et de la Tuyra. M. de Puydt, parti de l'Atlantique, s'est arrêté à Tarena; il ne put atteindre Paya, village indien, dans lequel il avait donné rendez-vous à M. Labordat, son compagnon et cuisinier. La route de cet ingénieur belge n'a donc été explorée par lui ni du côté de l'Atlantique, ni du côté du Pacifique, et le commander Selfridge traite à bon droit son tracé de canal de : *la petite histoire de M. de Puydt.*

Dans la même année 1865, M. Jules Flachat, parti de Panama, remontait la Tuyra et le Paya et proposait au retour un tracé de canal qui, suivant ces deux rivières, traversait le col de Paya pour rejoindre le Caquirri et l'Atrato.

M. Jules Flachat avait été conduit au Darien par M. Antoine de Gogorza, qui, sur la foi d'antiques documents espagnols, trouvés dans la bibliothèque de Bogota, croyait à l'existence d'un passage facile entre le Punusa et le Caquirri. M. de Gogorza, demeurant à Panama, attendit que M. Flachat vînt lui transmettre les résultats de son exploration, mais ce dernier s'embarqua pour l'Europe sans avoir échangé une parole avec M. de Gogorza.

Celui-ci chargea alors M. de Lacharme de refaire à nouveau cette expédition. M. de Lacharme, rompu aux fatigues de tous genres, façonné aux climats les plus meurtriers, remonta le Paya et déboucha sur le Caquirri; il avait opéré une magnifique reconnaissance, mais plus tard des nivellements précis devaient accuser une erreur sensible dans ses appréciations.

M. de Gogorza, après cette reconnaissance, proposa de joindre l'Atlantique au Pacifique par un canal qui suivait d'abord la Tuyra, coupait ensuite perpendiculairement tous ses affluents de la rive gauche et débouchait sur l'Atrato par les thalwegs du Punusa, tributaire de la Tuyra, et du Caquirri ou Cararica, tributaire de l'Atrato.

Longtemps ce tracé jouit d'une grande faveur : le colonel Farrand l'appuya; malheureusement jamais le colonel n'apporta la moindre preuve à l'appui de ses assertions : l'inanité du projet Gogorza est aujourd'hui surabondamment démontrée ; mais ce projet, élaboré par un homme qui jamais n'a foulé le sol du Darien, qui ignorait même l'existence du sentier fréquenté par les Indiens pour passer du versant Pacifique au versant Atlantique, ce projet a été le point de départ de toute la série d'explorations si courageusement entreprises par la Commission internationale, si habilement dirigées par le lieutenant de vaisseau Wyse.

Ces explorations furent précédées par les *surveys* du commander Selfridge, un des plus sympathiques et des plus hardis officiers de la marine américaine. Les États-Unis, désireux de voir trancher ou du moins faciliter un des problèmes les plus importants pour le commerce, ne marchandèrent, selon leur habitude, ni les hommes ni l'argent.

Trois navires de guerre, parfaitement équipés, le *Guard*, le *Nipsic* et le *Nyack* sont placés sous le commandement de Selfridge, prêts à exécuter ses ordres sur l'un et l'autre Océan. Le commander dispose d'une véritable légion, et il est dignement secondé par ses lieutenants. Aucun détail n'est négligé pour conserver les hommes en bonne santé et atteindre des résultats indiscutables. Les instruments sont les plus modernes et les plus précis ; le transport des vivres se fait par des ânes. L'expédition emporte un télégraphe de campagne et des appareils photographiques. Un tour de service est installé ; chaque escouade ne travaille que durant un nombre déterminé de jours ; elle revient ensuite aux navires, et reprend ses forces sous l'influence salutaire des grandes brises; aussi aucune maladie grave ne se déclare-t-elle parmi les chefs ou les subordonnés. La petite armée scientifique revient intacte ; un seul homme mourut par accident : le cuisinier se noya.

Disposant de ressources aussi étendues, pouvant opérer sur plusieurs points à la fois, le commander Selfridge ne trompa aucunement la confiance du ministre de la marine, M. Robeson. Son temps est bien employé; il parcourt l'espace compris entre les sources de l'Aglasenique et du Sucubti; il explore la région du Lara et du Savannah et la baie Calédonie; il brave ces régions funestes déjà pour tant d'explorateurs, et refait en partie la route suivie par le courageux Balboa en 1513.

Il ne s'arrête point là : l'isthme de San-Blas est soigneusement exploré; parmi les rivières, les unes sont redressées, les autres établies de toutes pièces : malgré les explorations précédentes, l'existence du Mandingua, rivière qui doit prendre rang après l'Atrato et le Chagres, n'était pas indiquée. Contrôlant tout tracé qui semble laisser le plus léger espoir, le commander Selfridge examine la route de M. de Puydt : il ne cache point son mécontentement en constatant que, malgré les affirmations de cet ingénieur, l'élévation du terrain atteint 638 pieds longtemps avant de parvenir au sommet diviseur des eaux; enfin il remonte le fleuve Atrato, suit le Napipi, passe la Cordillère et débouche sur le Pacifique par la baie de Cupica. Ce dernier itinéraire est proposé pour son canal.

Sur les instances du commander, le gouvernement américain expédia, en 1875, Collins pour examiner cette route, digne d'intérêt; la Commission américaine ne la classa pourtant qu'au second rang. Nous en parlerons avec plus de détails en abordant la discussion des projets qui ont attiré surtout l'attention du Congrès international, présidé par M. F. de Lesseps.

Explorations Wyse.

Les plus récentes explorations du Darien sont dues au lieutenant de vaisseau Wyse. Il partit à la tête d'une troupe restreinte; plus d'un au retour manquait à l'appel. Wyse ne disposait que de ressources très minimes, et il est vraiment remarquable qu'il ait pu accomplir tant avec si peu.

En 1868, il parcourut le Bayano, et de cette première reconnaissance naquit en lui le désir de faire réussir une œuvre devant laquelle tant d'hommes avaient échoué. Il fut puissamment soutenu par le général Étienne Türr, qui déjà avait expédié en Colombie M. de Gogorza pour obtenir du gouvernement un traité de concession avantageux, et qui depuis ne cessa de se dévouer tout entier à la réussite d'un projet aussi glorieux que le percement de l'isthme américain.

Wyse avait pour second le lieutenant de vaisseau Reclus; ces deux hommes se complètent l'un l'autre, et cette association de deux personnalités distinctes, presque contraires, devait être capable de triompher des plus grandes difficultés : Wyse et Reclus devaient aller droit à leur but et l'atteindre, soutenus l'un par l'autre, avec le même courage et la même ténacité : bon chef et bon lieutenant.

La troupe de Wyse comptait parmi ses membres M. Celler, ingénieur en chef des ponts et chaussées, qui n'a publié au retour qu'un rapport sommaire ; MM. Gerster, Brooks, Bixio, Musso, de Lacharme, Soza, ingénieur colombien très distingué, et plus tard Verbrugghe; enfin le docteur Viguier, qui fut au début gravement malade, et qui, trop pressé de rejoindre l'expédition, dut se faire porter jusqu'au campement.

Il semble que le malheur ait voulu sévir avec cruauté sur cette poignée d'hommes, que ne purent décourager les pertes les plus cruelles. Bixio, le plus fort et le plus habitué aux climats meurtriers, est frappé d'une fièvre bilieuse et meurt dans une pirogue, le 8 janvier 1877, en aval de l'île Balsal : son corps repose aujourd'hui à Pinogana. M. Brooks, que son âge avancé n'avait pu détourner d'une expédition dangereuse, est mordu par un vampire et, déjà très affaibli, ne peut supporter cette horrible hémorragie (26 janvier). Musso, le plus jeune et le plus sympathique, succombe à la dyssenterie et son cadavre est descendu dans la mer en vue même des côtes d'Espagne; enfin, après avoir suivi tous les travaux, Lacharme tombe à son retour en France, miné par des fatigues excessives, tué surtout par le changement de climat. Ces avertissements sinistres ne devaient pas détourner Wyse de sa tâche.

La première année d'exploration amène les résultats suivants : hydrographie du golfe Saint-Michel, de la Tuyra maritime, détermination des courants ; nivellements de précision exécutés sur le parcours de la Tuyra, du Paya, du Cué et du Caquirri ; découverte du col de Tihule ; raccordement du Paya avec le Capeti et le Rio Chico ; traversée entière de l'isthme de Darien ; exploration du massif montagneux du Pirri ; découverte de la vallée basse du Tiati ; établissement d'un canal à écluses par la Tuyra, le Cué et le Caquirri avec emplacement propre à la construction de grands réservoirs destinés à l'alimentation des biefs intermédiaires ; enfin passage du canal sur la Tuyra par une arche colossale de 40 mètres d'ouverture.

Ces résultats sont insuffisants pour l'activité de Wyse ; l'année suivante, il repart, nivelle le Bayano et le Mamoni ; Reclus traverse l'isthme en ligne droite, du Tiati à la baie d'Acanti, tandis que Wyse s'occupe de l'hydrographie de ce petit golfe. Wyse, infatigable part pour Bogota, exécute en douze jours un voyage réputé impossible, et, à peine de retour, parcourt l'isthme de Panama tout entier ; enfin traverse le Nicaragua de San-Juan del Norte à Brito.

Cependant Reclus, sur les indications de Wyse, cherchait à Panama, de concert avec Lacharme et Soza, le passage le plus favorable pour un canal interocéanique, et ce passage tant cherché depuis quatre siècles était enfin déterminé : Wyse et Reclus avaient pleinement rempli leur mission.

A deux reprises différentes, Wyse put croire qu'il

avait atteint son but; à deux reprises différentes, il se convainquit que la solution proposée par lui était insuffisante; enfin, au terme seulement de la seconde année d'explorations, il découvrit la solution exacte et vraie conquise au prix de tant de fatigues, de tant de nivellements infructueux, de tant d'efforts stériles. Gloire aux hommes de bonne volonté!

L'ère des explorations est définitivement close; mais une autre ère de difficultés s'ouvre; il faut compter aujourd'hui avec l'imprévu et les hasards de l'exécution. Qu'importe! le plus difficile n'est-il pas souvent de commencer? Aujourd'hui le chemin est tracé, il suffit d'y marcher résolument.

AU SYNOPT

s faites dan

ue le nom des explorateurs

A. | SAN

non anama. | Du Bayau golfe San-Miguel de Spica.

urtines, 1843. | Mac-Dougal idge

L. Wyse, | Hopkins. lze | Wheelwrighvan | Kratochwill ns | Selfridge en

49. | 1870-72. Aglasenique et Sucubti. Lara, Savannah et baie de Calédonie. Atrato, Napipi, etc.

57. | Lull ns | Sullivan van | Hubbard n | 1875. Atrato, Napipi, etc.

78. | L. Wyse e | A. Reclus e | Soza us | Verbrugghe

arme +
+
ks +
r
o +
1877. Tuyra, Chucunaque, Paya, Caquirri, Atrato, Chico.

e
us
arme
rugghe
1877-78. Tuyra, Chucunaque, Tiati, Tupisa, Tolo, etc.

YDROGRAPHI

53-54. | Parsons.
De Marivault.
De Rosamène.
Selfridge.

TABLEAU SYNOPTIQUE

Des principales Explorations faites dans l'ISTHME AMÉRICAIN

Le signe + indique le nom des explorateurs morts au travail.

TEHUANTEPEC.

De l'embouchure du Coatzacoalcos à la baie Ventosa.

Général Orbegoso.
José de Garay et Moro.
Williams.
Barnard, 1851.
Shuffeld, 1870.
Fernandez, 1876.

HONDURAS.

De la baie de Fonseca à Puerto-Cabello.

E.-G. Squier, 1853.
Jeffers, 1853.
Trautwine.

NICARAGUA.

De San José del Norte à Brito ou la baie Salinas.

Cerueda et Gonzalès d'Avila, 1534.
Hodgson et Leo.
Nelson, 1781.
A. de Bulow, 1847.
Fay.
Pim.
Bayley.
Colonel Childs, 1850.
Mainfroy, 1853.
Belly.
Lull
Crossman +
Hatfeld } 1872.
Menocal
Leutze
Miller
Heuer
Mitchell } 1874.
Mac-Farland
Paul Levy.
Maximilien von Sonnenstern.
Blanchet, 1878.
L. Wyse. } 1878.
L. Verbrugghe.

COSTA-RICA et CHIRIQUI.

Engle.
Jeffers.
Morton.
Barnett.
Evans.
Smith.
Kurtze

PANAMA

Du golfe Limon à la baie de Panama.

Lloyd, 1829.
Napoléon Garella et Courtines, 1843.
Moritz Wagner.
Totten, 1849.
Hughes.
Trautwine.
Harrisson +, 1857.
L. Wyse
A. Reclus } 1878.
Soza
L. Verbrugghe

SAN-BLAS

Du Bayano à la baie de San-Blas.

Mac-Dougal, 1864.
L. Wyse, 1868.
Hopkins.
Wheelwright.
Kratochwill.
Selfridge
Lull } 1870.
Sullivan
Hubbard
L. Wyse
A. Reclus } 1877.
Soza
Verbrugghe

DARIEN.

De l'Atrato et la baie d'Arauti au golfe San-Miguel et la baie de Cupica.

Vasco Nuñez de Balboa, 1513.
Dampier; Wafer, 1649.
Patterson +, 1698.
Donoso, 1761.
Ariza, 1753.
Cullen, 1849. — Du Rio Sabana à la baie Calédonie.
Expéditions Kelley. Trautwine, Lane, Kennish } 1852. Atrato, Quito, Pato, Baudo, Pape et San-Juan. Truando. 1852. — De la baie Cupica à l'Atlantique.
Gisborne,
Prevost, 1853.
Strain +,
Jauréguiberry, 1854.
Hellert, 1846. — Pinogana.
Michler, 1858. — Atrato et Truando.
Bourdiol, 1860. — Chucunaque.
Lucien de Puydt, 1865. — Tanela.
Jules Flachat, 1865. — Tuyra et Paya.
Lacharme, 1866. — Tuyra, Pucuse, Caquirri.

Selfridge, Lull, Schulze, Sullivan, Collins } 1870-72. Aglaseniqua et Sucubti, Lara, vannah et baie de Calédo
Atrato, Napipi, etc.

Coutts, Collins, Sullivan, Eaton, Paine } 1875. Atrato, Napipi, etc.

Wyse, Reclus, Soza, Lacharme +, Bixio +, Brooks +, Celler } 1877. Tuyra, Chucunaque, Paya, Caq
Atrato, Chico.

Musso +, Wyse, Reclus, Soza, Lacharme, Verbrugghe } 1877-78. Tuyra, Chucunaque, Tiati, T
Tolo, etc.

HYDROGRAPHIE

Marine espagnole.
Fitz-Roy.
Kellet.
Wood, 1847.

Inskip } 1823-51.
Haydon
De Lapelin.
Owen.

Parsons.
De Marivault.
De Rosamène.
Selfridge.

Lull.
L. Wyse.
A. Reclus.
Turquet de Beauregard.

VIII

Inconvénients des écluses.

Les projets de canaux interocéaniques soumis au choix du Congrès international étaient au nombre de six, rangées du nord au sud dans l'ordre suivant :

1° Le canal du Tehuantepec par le Chimalapa, le col de Tarifa et le Coatzacoalcos;

2° Le canal du Nicaragua, de Brito à San-Juan del Norte ou Greytown, par le Rio-Grande, le Rio del Medio, le lac et le San-Juan (Commission américaine);

3° Le canal de Panama, du fond du golfe Limon à la rade de Panama, par le Chagres et le Rio Grande (Commission internationale);

4° Le canal San-Blas, entre la baie de San-Blas et la rade de Chepillo, par le Nercalegua, le Mamoni et le Bayano (Kelley et Commission internationale);

5° Le canal d'Acanti, entre le golfe de San-Miguel et l'embouchure du Rio Tolo dans la baie d'Acanti (Commission internationale);

6° Le canal de l'Atrato-Caquirri-Paya, par ces trois rivières (Commission internationale);

7° Le canal de l'Atrato-Napipi-Doguado (Commission américaine).

Les Américains, outre les canaux du Nicaragua et de l'Atrato-Napipi, avaient établi les plans et les devis d'un canal à écluses passant par Panama, mais le considérant comme inférieur au canal du Nicaragua, ils ne l'ont pas soumis à une discussion publique; le projet de M. de Lépinay, transformation du canal à niveau de M. Wyse, en canal à écluses, n'était pas accompagné de documents assez précis pour permettre une analyse minutieuse. Cependant ce canal était, de tous les canaux à écluses présentés, le meilleur.

Le canal du Tehuantepec ne pouvait guère entrer en ligne de compte, car ses mauvaises conditions étaient apparentes jusqu'à l'évidence. M. de Garay n'avait pu, du reste, en augmentant beaucoup la hauteur des tranchées, réduire les écluses qu'au chiffre minimum de cent vingt; de plus, la longueur du canal, 250 kilomètres environ, et le grand nombre de ses écluses, demanderaient un entretien annuel tellement considérable que les bénéfices seraient entièrement absorbés par les dépenses d'exploitation et de réparations.

L'on remarquera en outre que, dans l'énumération précédente, ne figurent pas les tracés de MM. Mainfroy, Belly, Blanchet et de Puydt; ces tracés, en effet, ne s'appuient sur aucune base sérieuse, et ne sauraient, à aucun point de vue, être opposés aux tracés américains ou internationaux.

Dès les premières séances du Congrès international, il devint évident que trois projets seulement restaient en présence : le Nicaragua, défendu par l'amiral Ammen et l'ingénieur Menocal ; le Panama, défendu par MM. Wyse et Reclus ; et l'Atrato-Napipi, défendu jusqu'à la dernière minute avec habileté et persévérance par le commander Selfridge.

Le canal d'Acanti et le canal par l'Atrato furent retirés par MM. Wyse et Reclus, convaincus de l'excellence du canal par Panama.

Quant au canal de San-Blas, le Congrès, après un un examen trop sommaire peut-être, le rejeta, alléguant son prix excessif ; en sa faveur pourtant militaient la brièveté de son parcours, et les situations propices de ses deux points sur l'Atlantique et le Pacifique ; enfin les conditions exceptionnelles de salubrité qui eussent favorisé ses travailleurs.

Le canal du Nicaragua se présentait devant le Congrès favorisé par une déclaration précédente du gouvernement des États-Unis, qui, s'inquiétant uniquement des canaux à écluses, l'avait proclamé le meilleur canal de ce genre ; mais, devant le Congrès international, la question fut posée tout autrement : on rechercha si un canal à niveau était possible ; si la possibilité d'un canal à niveau était démontrée, les canaux à écluses devaient être éliminés par cette déclaration.

Avant tout il importe de faire ressortir les inconvénients graves et multiples des écluses ; un mot pourrait suffire : les ingénieurs hollandais qui ont construit la magnifique écluse d'Amsterdam sont les premiers à s'opposer à l'établissement des écluses. Certes l'invention de Léonard de Vinci a rendu d'inappréciables services à la navigation fluviale et le rôle de cet ingénieux mécanisme est loin d'être terminé ; mais un système facilement applicable sur des rivières à circulation restreinte devient impossible à mettre en œuvre sur un grand canal maritime destiné à rester toujours en harmonie avec les besoins toujours croissants du commerce.

Les inconvénients inhérents aux écluses sont de deux sortes : d'abord ceux qui sont pour ainsi dire le produit de l'écluse, inconvénients fixes que l'écluse transporte partout avec elle ; ensuite ceux que l'on pourrait appeler des inconvénients variables et dépendant surtout du climat et du régime des fleuves dans lesquels l'écluse est installée.

Les inconvénients propres à toute écluse, de quelque façon qu'elle puisse être construite, sont : un retard dans la navigation, des chances fréquentes d'avaries pour les navires, l'usure rapide des tourillons et des chardonnets, un entretien dispendieux et des réparations fréquentes.

L'éclusage d'un navire dans la grande écluse d'Amsterdam exige de vingt-cinq à trente minutes au minimum ; mais en comptant les ralentissements de la marche à l'arrivée, et les opérations d'amarrage et de démarrage, dont la difficulté croît avec les dimensions du navire, les steamers de Batavia perdent aisément une heure dans cette écluse. Le remplissage ou la vidange du sas ne représentent, en effet, que la moindre partie du temps perdu par un navire dans une écluse.

En tenant compte de ces indications, en admettant que les navires marchent à raison de 8 kilomètres par heure dans le canal de Nicaragua, et de 12 kilomètres sur le lac, en calculant le temps nécessaire aux garages, l'on doit supposer pour la traversée d'un grand steamer entre Brito et Greytown une durée de cinq jours environ. D'après M. de Lesseps même, on peut évaluer la dépense d'un paquebot de fort tonnage à 1,800 francs par jour : cette traversée lui coûterait donc 9,000 francs.

A cette somme déjà considérable il importe d'ajouter les frais de pilotage et de remorquage proportionnels à la longueur du canal. Or, comme le canal du Nacaragua est quatre fois plus long que celui de Panama, ces frais seraient quadruples.

Les avaries, soit à l'écluse, soit aux navires, sont quotidiennes, et l'ancien président de la Compagnie des steamers entre Amsterdam et Batavia a déclaré qu'il payait annuellement sur ses bénéfices 1 ½ pour cent de dommages à ses vapeurs ou à l'écluse.

La moindre réparation à effectuer dans une écluse demande un temps fort long; ces réparations sont d'autant plus fréquentes que la pression est plus considérable; encore faut-il se hâter, par économie même, de faire les réparations dès qu'elles sont devenues nécessaires. Les précautions les plus minutieuses ne peuvent assurer du reste le jeu régulier des écluses. L'administration en France prévoit un chômage réglementaire de quarante-cinq jours par trois ans; mais, à côté de ces chômages édictés, combien de chômages irréguliers!

En de pareilles conditions, le canal du Nicaragua manquerait donc à sa fonction première, qui doit être d'assurer *en tous temps* le passage *à tous navires*. Les armateurs ne préféreront-ils pas dès lors continuer à tracer à leurs vaisseaux la route par le cap Horn plutôt que de leur faire adopter un chemin souvent obstrué? ces armateurs ne préféreront-ils pas un détour connu à un raccourcissement hypothétique?

Les inconvénients propres au fleuve San-Juan dans lequel devraient être établies les écluses du Nicaragua et les inconvénients du climat sont très graves, et il semble impossible d'y remédier. Le niveau des fleuves centre-américains s'élève souvent en une seule nuit et les écluses ne résisteront peut-être pas à une pression aussi soudaine et aussi exagérée; en tous cas, ces poussées subites provoqueront des accidents graves dans les vantaux, les tourillons et les chardonnets des écluses ordinaires.

Le San-Juan tient en suspension des matières abondantes; les dépôts continuels apporteront un obstacle sérieux au maintien des biefs intermédiaires nécessairement sans courant; que fera-t-on des îles flottantes, des radeaux d'arbres morts? Dans un canal à niveau, ces obstacles, que le courant empêche de s'accumuler, vont à la mer; dans un canal à écluses ne faudra-t-il pas les enlever ou les détourner?

Comment manœuvrera-t-on les vantaux sur lesquels

pèseront des amas de sables, de cendres volcaniques et de détritus végétaux? avec les chutes restreintes que la prudence impose, jamais la chasse des éclusées ne sera suffisante pour déblayer les biefs : l'on se trouve donc condamné à une série continuelle de dragages, et celui qui prétendrait maintenir propres ces nombreux biefs ferait aussi sagement de s'employer à remplir le tonneau des Danaïdes.

La végétation aquatique se développe dans les régions intertropicales avec une rapidité stupéfiante : l'on peut donc, sans aucune exagération, supposer qu'elle envahira en peu de temps une tranchée où dormira une eau paisible, peu profonde, et qui offrira précisément toutes les conditions les plus favorables à la croissance des plantes marines.

Le canal à écluses du Nicaragua à partir du point où il abandonne le San-Juan pour se rendre à l'Atlantique, est taillé à flanc de coteau, et la cunette se trouve soutenue par des digues en remblai : une disposition analogue se retrouve dans le canal Calédonien, qui court sur le flanc d'un coteau appelé la colline croulante de Turvaine. Mais, au Nicaragua, ce remblai mesure une longueur de 45 kilomètres; les terres à proximité, qui pourraient sans des frais trop élevés, servir à sa construction sont d'une mauvaise qualité, et il serait extrêmement difficile de rendre étanche un cavalier de cette longueur et de cette hauteur. Les corrois eux-mêmes ne pourront empêcher les infiltrations. Les racines des arbres occasionneront de nombreuses fissures; la moindre fissure ne tardera pas à s'élargir en un grand trou qui se transformera bientôt en véritable brèche, et la digue sera emportée.

Le travail sous-marin des rats du Mississippi a plusieurs fois occasionné de véritables désastres; rongeant les pilotis, ils ont miné la *grande levée*, qui a cédé en maint endroit, livrant passage aux flots. Ce travail de disjonction serait plus considérable encore au Nicaragua; les insectes mineront les remblais, les gros serpents passeront au travers, et la digue ne se maintiendra que sous la menace perpétuelle d'un effrondement.

Dans la construction de toute écluse importante le fer entre dans des proportions considérables; sous la double action de la chaleur et de l'humidité, les fers s'oxydent avec une rapidité redoutable; les exemples ne manquent pas pour prouver combien dans les régions tropicales l'emploi de ce métal est sujet à des éventualités précaires.

Au Venezuela, après un court abandon des travaux, les constructeurs d'un chemin de fer retrouvèrent leurs rails à l'état de rouille pulvérulente. Le long de la voie ferrée, entre Lima et la Oroya, les sels de nitre attaquèrent si violemment les poteaux télégraphiques en fonte, que trente mille d'entre eux s'abattirent et qu'on dut les remplacer par des colonnettes de *pisé;* il en fut de même pour des causes différentes à Panama. L'on peut, il est vrai, opposer à ces exemples l'estacade en fer de Limon (Costa-Rica), qui ne semble pas encore rongée. Il est bon toutefois de remarquer que cet ouvrage est très récent. Les ponts de fer du Railroad de Panama à Colon sont construits dans des conditions différentes; ils sont à l'air libre, aussi leur entretien est-il singulièrement facilité.

Les mêmes conditions atmosphériques ruinent les maçonneries aussi rapidement que les métaux; dans un pays où les roches les plus dures se désagrègent, où les roches tendres tombent en poussière, les maçonneries devront être l'objet de soins incessants; et le plus vulgaire bon sens indique qu'il ne faudra recourir à des travaux d'art qu'en dernière extrémité; d'autant plus que les chaux indigènes ne semblent pas avoir une force de cohésion suffisante, et qu'au lieu d'employer la chaux de la Soledad, on se trouvera contraint de faire venir les chaux françaises du Theil.

L'on voit combien ces inconvénients sont graves et nombreux; les tremblements de terre semblent plus dangereux encore. Le Costa-Rica et le Nicaragua sont des terres de feu; la ligne de volcans qui vient du Costa-Rica par le Miravalles, la Redonda et l'Orosi, traverse le lac par le Madera, l'Ometepe, le Zapatero et le Mombacho, et ressort au nord du lac Managua par le Momotombo, décrit en vers fameux par Victor Hugo. A une courte distance du Nicaragua, la ville de San-Salvador, capitale de la République de ce nom, fut entièrement détruite par un tremblement de terre (1854).

Dans l'État de Panama, au contraire, les secousses volcaniques sont entièrement rares, elles ont très peu de violence et très peu de durée; la vieille ville de Panama, *Panama Viejo*, fut détruite non par un tremblement de terre, mais par le flibustier Morgan (1636). Lors de l'effondrement presque radical de Cucuta, dans l'État de Santander (Colombie), pas une secousse, si légère qu'elle fût, ne se fit sentir à Panama.

Il est à remarquer du reste que les tunnels ou les tranchées profondes sont moins affectés par les tremblements de terre que les maçonneries : au Pérou, les nombreux tunnels du chemin de fer de la Oroya n'ont jamais donné lieu à la moindre inquiétude; et ils ont bravé pourtant des secousses énergiques. Jamais non plus jusqu'ici une tranchée ne s'est éboulée : la gigantesque coupure du Desague, de Mexico, a été tranchée dans un terrain sujet à des oscillations; je n'ai pas entendu dire qu'elle eût fléchi; dans la maçonnerie au contraire se produisent fréquemment des tassements ou des lézardes : souvent elles font ventre comme certaines maisons des vieux quartiers de Paris : il tombe sous le sens commun que ces tassements peuvent entraver d'une façon sérieuse le jeu des écluses.

Nous ne connaissons pas de tranchée faite par la main des hommes dont la hauteur atteigne 80 mètres, mais nous avons vu des tranchées naturelles plus élevées et qui, de temps immémorial, ont résisté aux pluies torrentielles.

La fente de Pandi, dans l'État de Cundinamarca (Colombie), est d'une profondeur étonnante : ses parois sont absolument verticales ; sa largeur est moindre que celle d'une rue étroite de Paris ; un seul bloc s'en est détaché jusqu'à présent, et, trop gros pour glisser jusqu'au fond, s'est arrêté au sommet de la tranchée et forme un pont naturel.

Les Cañones, étroits défilés, mesurent dans l'Arizona et le Colorado des hauteurs considérables ; en bas coulent des ruisseaux étroits, offrant ainsi l'image exacte du canal interocéanique.

Une grande prévention a longtemps existé, elle dure peut-être encore, en faveur du Nicaragua. Beaucoup d'écrivains ont tenu ce raisonnement : Le canal à écluses du Nicaragua, à en juger par les divers devis proposés, est d'un prix moins élevé que le canal à niveau de Panama ; il vaut donc mieux adopter le premier de ces deux canaux.

Sans démontrer ici que les dimensions et les devis ont été calculés d'une façon beaucoup plus large pour le Panama que pour le Nicaragua, sans relever des erreurs matérielles et palpables, de MM. Sonnenstern et Blanchet par exemple, l'on peut affirmer du moins qu'un canal à niveau, une fois établi, ne demande aucun entretien : taillé dans la roche, sans travaux d'art, sans mécanisme délicat et compliqué, il n'exige ni un personnel nombreux et chèrement rétribué, ni des réparations constantes : au contraire, un canal à écluses demande une surveillance de tous les instants : les bénéfices seront absorbés par le maintien en bon état et le personnel.

Dès lors apparaît cette vérité : le canal du Nicaragua reviendrait peut-être à un prix moins élevé que le canal du Panama; mais tandis que celui-ci rapporterait un intérêt important, le premier ne réaliserait que de minces bénéfices; la solution de cette question ainsi placée sous son jour véritable ne saurait être douteuse, et chacun sera d'avis, je crois, qu'un canal, même très cher, mais productif, est préférable à un canal, même très peu coûteux, mais improductif.

Parmi les erreurs de devis dont il a été question plus haut, il en est une au moins qu'il importe de signaler : M. Cotard, rapporteur de la sous-commission, chargé par le Congrès international de faire l'évaluation des différents travaux exigés par les divers tracés, n'a estimé la création complète du port de Greytown qu'à 13,513,150 francs, et celle du port de Brito qu'à 10,688,695 francs, soit ensemble : 24,201,845 francs : dans le devis de l'ingénieur Menocal, auteur du projet, ces deux ports demandaient une somme de plus de 25,200,000 francs

Or, pour quiconque a inspecté les lieux et s'est rendu compte des difficultés extrêmes que présenterait l'établissement de ces deux ports, ces chiffres sont loin d'être même approximatifs : le major Walter Mac Farland, envoyé au Nicaragua par les États-Unis estime la dépense pour Greytown à 45 millions et pour Brito à 24 millions, soit ensemble 74 millions : l'on voit combien ces chiffres diffèrent. Le major Mac-Farland ajoute en outre qu'il croit difficilement au succès du port de Greytown.

M. Cotard, de plus, admet pour le port de Panama une dépense de 23,000,000, *presque le double de Greytown;* nous le répétons encore, la relation entre les chiffres de ces deux ports, Greytown et Panama, doit être retournée, et Greytown doit coûter au moins deux fois le prix de Panama.

En définissant le canal à niveau de Panama, nous

aurons l'occasion de revenir sur d'autres erreurs de M. Cotard, au moins aussi considérables. En applaudissant la réfutation énergique et habile de M. Dauzats, en réclamant, par la presque unanimité de ses votes, la coupure de l'isthme entre Panama et la baie Limon, le Congrès international a démontré qu'il croyait fort peu aux avantages du Nicaragua ; enfin l'adhésion au Panama, de M. de Lesseps, dont personne ne songerait à mettre en doute la haute compétence, a définitivement condamné la route par Greytown et Brito.

IX

Projet par le Nicaragua.

Le tracé américain par le Nicaragua présenté par l'habile ingénieur Menocal est ainsi conçu :

La première partie va de Brito à l'embouchure du Rio del Medio, dans le lac Nicaragua, coupant l'isthme étroit de Rivas à une altitude de 40^{m},85 ; le point culminant est situé à 5 milles 3/4 du lac ; à peu de distance de ce point le plus élevé, près d'un hameau appelé las Serdas, serait construite la première écluse ; le niveau du lac serait donc prolongé d'une vingtaine de milles dans cette direction.

A partir de cette première écluse de las Serdas, le canal, suivant la vallée du Rio Grande, serait obstrué par dix autres écluses ; l'on peut aisément réduire ce chiffre à six ou sept sans atteindre des chutes trop fortes, mais la courte étendue de l'isthme de Rivas contraindra toujours au rapprochement de ces écluses ; pour obvier à cet inconvénient, on a proposé de construire comme à Béziers, ou au canal Calédonien, une série de sept écluses accolées ; une telle disposition, fait-on observer, diminuerait beaucoup la perte de temps puisque le navire n'aurait à franchir qu'à peu près la moitié du nombre des portes qu'il devrait traverser avec des écluses ordinaires. La remarque est juste, mais incomplète, car elle oublie de mentionner les graves inconvénients de ces escaliers maritimes.

M. de Fourcy, racontant sa visite aux sept écluses superposées du canal calédonien, relate qu'elles ne peuvent fonctionner ; que, laissant son navire embarrassé dans un sas, il s'en fut déjeuner et repartit en diligence; il ajoute en riant que le meilleur moyen de franchir ces escaliers est encore de passer en voiture.

Dans cette première partie, le niveau du canal, à partir de las Serdas est inférieur au lac, mais toujours supérieur au lit du Rio-Grande. A partir de l'embouchure du Rio del Medio, le canal traverse le lac Nicaragua en diagonale presque droite, de l'ouest à l'est.

Avant d'atteindre les fonds de 9 mètres, le canal devra être creusé à partir du Rio del Medio, dans la roche, sur une longueur de 350 mètres environ ; mais du côté du San-Juan cette profondeur de 9 mètres ne se trouve qu'à 7 milles du rivage ; la roche, il est vrai, disparaît pour faire place à des vases ; des travaux de dragage seront suffisants pour approfondir ; mais il faudra fatalement, ou bien établir des digues de protection pour empêcher le Rio Frio de combler le chenal et pour maintenir les vases fluides, ou bien détourner son cours pour éloigner son embouchure de l'entrée du canal ; ces travaux seraient, je le crains, aussi difficiles que nécessaires.

Le canal adopte ensuite la rivière San-Juan jusqu'à un premier barrage établi en amont du rapide de Castillo à 37 1/2 milles du lac qui verrait son niveau prolongé jusqu'à ce premier barrage ; cette disposition aurait l'avantage de noyer le rapide du Toro sous une quantité d'eau suffisante pour le passage des grands navires ; toutefois un approfondissement de 4 mètres environ serait nécessaire sur un très court espace.

Le trajet du lac jusqu'à San Carlos, au confluent du San-Carlos et du San-Juan, comporte quatre écluses, situées aux endroits suivants : Castillo, Balas, Machuca, San-Carlos ; la dénivellation de cette dernière serait d'environ 7 mètres.

Six autres écluses prennent place entre San-Carlos et le Pacifique : le nombre total est donc de vingt écluses.

A partir de San-Carlos, le canal n'emprunte plus le cours du San-Juan ; il utilise simplement quelques bras de ce fleuve, tout en demeurant dans sa vallée ; enfin, à 40 milles environ de l'Atlantique, il court droit sur Greytown à travers un terrain mouvant et marécageux, peu difficile à creuser, mais très difficile à maintenir creusé.

L'ingénieur Menocal, au travail précis et minutieux duquel on ne saurait donner assez d'éloges, a voulu éviter les crues et les inondations dans son canal : aussi fait-il, par-dessous ce canal, passer les rivières, les ruisseaux et les torrents : de là, un certain nombre de travaux d'art, aqueducs et ponceaux d'une construction peu aisée et d'un entretien coûteux.

Nous donnons ici, d'après M. Menocal, l'énumération des déblais, remblais, maçonneries, etc., que comporterait le canal du Nicaragua.

Seuil de Rivas. .	Terrassements, déblais et remblais.	83,937,830 fr.
	Rectification du Rio Grande, aqueducs, ponts, etc. . . .	3,070,455
Lac.	Dragages.	3,578,290
Rivière San-Juan	Approfondissements.	25,380,150
	Quatre barrages.	7,717,630
	Vingt écluses.	37,361,420
	Trois dérivations.	5,284,640
	Canal du San-Juan à Greytown.	66,946,990
	Dérivation du San-Carlos, aqueducs, etc.	4,309,390
Ports.	Port de Brito.	11,688,595
	Port de Greytown.	13,513,150
25 pour 100, frais généraux, intérêts des capitaux, etc.		65,722,195
		328,640,785 fr.

Le devis du canal du Nicaragua ainsi établi ne comporte que des écluses simples et des courbes d'un rayon insuffisant: il était donc nécessaire de refaire ce devis sur de nouvelles données. La première sous-commission technique du Congrès international a groupé de nouveaux chiffres et modifié le second devis de M. Menocal qui, tenant compte des nécessités imposées par le Congrès, avait porté son estimation à 432,957,852 francs, qui se décomposent comme il suit:

	Désignation des travaux.	Quantités.	Prix.	Totaux.
Seuil de Rivas. Déblais et remblais.	Terre	1,845,642	2,30	4,244,975 fr.
	Terrains rocheux fissurés	2,047,028	2,30	4,708,165
	Roches en tranchées profondes	1,595,532	9,85	15,715,990
	Roches en tranchées peu profondes	4,327,154	8,20	35,477,660
	Remblais pour berges	1,708,149	66	1,110,295
Lac.	Dragages : vases	7,192,095	1,30	9,350,775
	Dragages : sables et graviers	223,519	13,10	2,928,100
	Enlèvement de roches sous l'eau	30,799	32,75	1,008,610
Rio San-Juan.	Dragages : vases et sables	6,214,657	2,60	16,158,110
	Dragages : graviers et sables	208,308	2,60	541,600
	Extraction de roches sous l'eau	2,383,388	32,75	78,055,955
	» » »	154,740	32,75	5,067,735
Dérivations.	Déblais de roches	148,883	8,20	1,220,840
	Déblais de terre	1,571,201	2,30	3,612,760
	Remblais pour berges	537,570	66	349,420
Canal du San-Juan à Greytown.	Déblais de roches	791,240	9,85	7,793,715
	Déblais de roches	1,036,280	8,20	8,497,495
	Déblais de terre	2,450,919	2,30	5,425,510
	Déblais de terre	16,152,189	2,30	37,150,030
	Remblais	3,273,879	66	2,128,020
	Totaux	53,793,982		240,545,760 fr.

Les autres travaux sont:

La rectification du Rio Grande, les aqueducs, les canaux, les fosses, etc.	3,070,435 fr.
Vingt écluses doubles et une écluse de marée	46,041,130
Quatre barrages	7,747,630
Aqueducs et dérivation du San Carlos	4,309,390
Port de Brito	11,688,695
Port de Greytown	13,513,150
Élargissement jusqu'à 100 mètres du plafond du canal dans les courbes d'un rayon inférieur à 2,000 mètres	9,479,100

Ces différentes sommes, ajoutées aux 240,545,760 francs portés pour les excavations, donnent un total de 346,366,290 francs, qui, augmenté de 25 pour 100 pour frais généraux et intérêts du capital, donnent la somme générale de 432,957,852 francs.

La première sous-commission, après avoir révisé ces prix, les a beaucoup augmentés et a donné le tableau ci-dessous, lu par M. Cotard.

Nature des travaux.	Désignation des lieux.	Quantités de mètr. cub. à extraire.	Totaux. des mètr. cub.	Prix unitaire.	Prix total.
—	—	—	—	—	—
Déblais de terre	Seuil de Rivas. . .	3,892,670	23,966,979	2,50	59,917,447
	Dérivations. . . .	1,571,201			
	Canal de Greytown.	18,503,108			
»	Seuil de Rivas. . .	5,922,686	7,899,089	12 et 18 par moitié	118,586,320
	Dérivations. . . .	148,883			
	Canal de Greytown.	1,822,750			
Remblais. . . .	Seuil de Rivas . .	1,708,149	5,519,598	2, »	11,039,196
	Dérivations. . . .	537,570			
	Canal de Greytown.	3,273,879			
Dragages . . .	»	13,839,389	»	2,50	34,598,475
Extractions de roches sous l'eau	»	2,568,927	»	35, »	89,912,445
Rectification du RioGrande. — Aqueducs, ponts, etc. . .	Seuil de Rivas. . .	»	»	»	3,070,435
16 éclusestriples	»	»	»	7,000,000	112,000,000
15 garages aux écluses à raison de 150,000,000 de mètres cubes par écluse . .	»		2,400,000	»	6,000,000
Barrages. . . .	»	»	»	»	7,717,630

Nature des travaux.	Désignation des lieux.	Quantités de mètr. cub. à extraire.	Totaux des mètr. cub.	Prix unitaire.	Prix total.
Dérivation du San Carlos. — Aqueducs et ponts	»	»	»	»	4,309,390
Port de Brito. .	»	»	»	»	10,688,695
Port de Greytown	»	»	»	»	13,513,150

Cet ensemble de travaux nous fournit un total de..	471,253,183 fr.
Auquel il convient d'ajouter :	
25 pour 100 d'imprévu.	117,808,290
5 pour 100 pour frais d'administration et de banque.	29,453,295
Enfin 15 pour 100 d'intérêts à servir un capital engagé pendant la durée des travaux qu'on suppose être de six années.	93,000,000
On obtiendra ainsi un total général de.	711,519,802 fr.

L'on remarquera que dans ce devis aucune dépense n'est prévue pour l'établissement des deux ports dans le lac de Nicaragua; ces ports cependant sont indispensables, surtout à la fourche du San-Juan, qui nécessite d'un côté au moins une jetée de 11 kilomètres pour sauvegarder le chenal des envasements du Rio Frio et autres rivières : à 3,000 francs le mètre courant, prix minimum, cette jetée coûterait 33 millions de francs.

Une autre erreur, tout aussi importante, doit être relevée : la durée des travaux n'est estimée qu'à six années. Cette estimation est en contradiction si formelle avec les faits qu'elle a lieu de nous surpendre; de l'aveu même de M. Cotard, les travaux préparatoires demanderont trois ans avant d'être terminés ; c'est donc en trois années seulement que se creuserait le canal du Nicaragua.

Mais l'unique port de Greytownne serait guère établi avant les six années fixées pour la durée totale du percement ; or, tant que le port de Greytown ne sera pas construit, il sera impossible de travailler. Comment débarquera-t-on les machines et les provisions ? A Suez, c'est un fait notoire, les excavations prirent une allure rapide seulement après que le havre d'Ismaïla terminé eut permis la mise à terre des dragues et des autres engins nécessaires.

Le long du canal maritime de Suez fut créé un canal d'eau douce ; le long du canal maritime du Nicaragua il faudra disposer un chemin de fer : cette voie ferrée peut être établie en même temps que le canal, mais il est vrai pourtant que c'est là une perte de temps en même temps qu'un accroissement de dépenses.

Admettons que les 53 millions de mètres cubes qui composent le déblai total à extraire, et les 3 millions de mètres cubes de maçonnerie à édifier, admettons que cet ouvrage colossal puisse, d'après M. Cotard, être exécuté en trois années, ce que personnellement je considère comme un prodige réalisable, l'équité nous contraindra d'admettre que le canal de Panama sera terminé dans le même espace de temps : un miracle possible au Nicaragua doit l'être à Panama.

On voit par les devis et les travaux précédents

que la commission technique s'est occupée uniquement du tracé américain de M. Menocal; elle l'a félicité dans les termes suivants : « *Le projet de M. Menocal est extrêmement bien étudié. On ne saurait louer trop hautement le soin avec lequel il est étudié dans ses moindres détails.* » Elle n'a pas eu les mêmes paroles pour M. Blanchet et s'est plainte de l'absence de documents précis.

M. Blanchet avait eu cependant une idée ingénieuse en prolongeant autant que possible la nappe d'eau du lac; malheureusement il s'était rendu un compte imparfait de l'étendue de l'inondation provoquée par son formidable barrage en amont de San-Carlos. La configuration du terrain et la nature perméable de la vallée sont demeurées pour lui lettre close, et, comme si ce projet devait appartenir tout entier à la fantaisie, son devis ne montait qu'à 288,750,000 francs; enfin il était accompagné d'un système d'écluses à une seule porte, pouvant donner une dénivellation de 40 mètres.

On ne saurait contester en général la possibilité de construire et de manœuvrer une pareille écluse, dont les moindres détails sont ingénieux, mais on peut contester que dans le cas particulier du Nicaragua, elle soit préférable aux écluses communément employées.

Outre les difficultés des écluses, des ports, du régime du San-Juan, etc., une grande difficulté résultait, pour le canal interocéanique du Nicaragua, de l'état politique des deux Républiques rivales : le Nicaragua et le Costa-Rica.

Dans sa dernière session législative, le Congrès a

rejeté trois demandes de concessions. Le Nicaragua, en outre, n'est pas seul maître des eaux du San-Juan; le Costa-Rica pourrait réclamer sa part de bénéfices, et il est peu probable que ses exigences soient inférieures à celles de la première République. Une guerre est imminente entre ces deux voisines, remuantes et ambitieuses. Déjà le Costa-Rica achète des canons et des navires, et, pour affirmer ses droits d'une façon éclatante, fait élever une douane à l'embouchure du San-Carlos. On est en droit de se demander quelle situation eût été faite aux promoteurs de cette œuvre, menacée des deux côtés, placée, pour nous servir d'une expression vulgaire, entre l'enclume et le marteau.

Tant de considérations différentes ont fait rejeter par le Congrès international le canal du Nicaragua, prôné par les Américains dans un but politique et d'intérêt particulier : cette route en effet abrégeait plus que toute autre, au sud, le chemin entre New-York et San-Francisco; mais les Américains qui sont venus assister au Congrès, qui ont pris part aux discussions, ont déclaré tout d'abord qu'ils se soumettraient aux décisions de ce grand jury, décisions dictées par l'expérience et l'intérêt universel; donc nul ne peut douter que les Américains ne tiennent loyalement leur promesse.

X

Projet de San-Blas.

Le tracé d'un canal interocéanique par l'isthme de San-Blas était remarquable à différents égards : il présentait sur tous les autres trois supériorités indiscutables. Il était le plus court; il était le plus sain à percer; il était enfin celui dont les devis pouvaient s'établir avec la plus grande approximation. Nous avons indiqué plus haut nos préférences personnelles pour ce tracé en ligne droite, qui comporte, il est vrai, un tunnel fort long, mais qui ne comporte que cette difficulté.

M. Kelley n'avait pu de New-York venir défendre le projet que Mac-Dougal avait dressé pour lui; la Compagnie internationale, de son côté, n'a pas insisté sur la défense de ce projet; aussi le devis ci-après a-t-il été adopté sans difficulté.

Sans entrer dans la discussion de ce devis, on peut

cependant faire remarquer que M. Favre, plus compétent qu'ingénieur au monde, lorsqu'il s'agit de tunnels à percer, estimait la dépense totale de ce canal à un milliard de francs; sans aucun doute, ce prix est élevé; il n'est cependant pas hors de proportion avec les recettes probables du canal, et il eût assuré la construction d'une voie interocéanique, sans aucune chance d'accident, d'une durée éternelle comme les rocs à travers lesquels on l'eût construite. Si l'on admet un tunnel de 6 kilomètres, pourquoi rejeter un tunnel de 14,000 mètres, qu'un navire eût franchi tout aussi aisément.

Le coût de ce tracé a été estimé sur les bases suivantes; ces chiffres auraient pu être en grande partie diminués :

Longueur du tunnel :			
14,000 mètres à 38,500 fr. le mètre courant. . .			539,000,000 fr.
Dragages :			
9,000,000 mètres cub. à 2 fr. 50		—	22,500,000
Extraction de roches :			
5,000,000 —	à 12 fr. »	—	60,000,000
5,000,000 —	à 18 fr. »	—	90,000,000
Port sur le Pacifique et écluse de marée			35,000,000
25 pour 100 éventuel.			191,615,000
Frais d'administration et banque, 5 0/0.			47,905,750
Intérêts à 30 0/0 pour la durée du travail pendant douze ans			301,806,225
Dépense totale.			1,287,826,975 fr.

Le Congrès international a déclaré cette voie impraticable : il est donc juste d'accepter cette décision proférée par les ingénieurs les plus distingués de tous pays, et de nous rallier au verdict d'une imposante majorité qui avait à la fois le nombre et la science.

XI

Projet de l'Atrato-Napipi.

Le projet du commander Selfridge emprunte le cours de l'Atrato sur une longueur de 240 kilomètres, il court ensuite vers la baie du Chiri-Chiri, par les vallées du Napipi et du Doguado ; au point où le canal abandonne l'Atrato, il est à 50 kilomètres du Pacifique et à 9^{m},15 au-dessus du niveau moyen de cet Océan. A quatre reprises différentes le commander Selfridge a visité l'isthme du Darien, son activité et sa persévérance ne se sont pas démenties un instant ; sur ses pressantes instances le gouvernement américain envoya le lieutenant Collins compléter les études de l'énergique commander, dont les travaux sont en tous points remarquables.

Les rapports et les cartes du capitaine de frégate américain Selfridge et du lieutenant de vaisseau Wyse contiennent des détails précis sur des régions inconnues avant eux : c'est à eux que la science géographique est redevable des informations si péniblement conquises, et des connaissances courageusement poursuivies.

Le projet primitif du commander Selfridge comportait douze écluses, mais devant la répugnance manifestée contre les écluses, il a réduit ce nombre à deux seulement, arrivant à réaliser ainsi un canal presque de niveau : il évite autant que possible l'usage des berges en remblais, il s'attache à combattre, par l'emploi de digues et de bassins, les crues subites du Napipi et ses accroissements de volume.

Une question importante pour le premier canal du commander Selfridge était l'approvisionnement d'une eau suffisante pour les éclusées : le Napipi et la rivière Cuia, dont les jaugeages ont été faits avec le plus grand soin, donnent une quantité trop faible de 271,000,000 pieds cubes d'eau : il est aisé cependant de remédier à cette insuffisance par des emmagasinements d'eau dans des bassins ou réservoirs convenablement disposés.

Le commander Selfridge n'a pas hésité à adopter un tunnel, et il ne s'est pas laissé effrayer par cette obligation qui, somme toute, n'a rien de bien terrifiant : son tunnel ne dépasse pas 5,616 mètres ; mais ce souterrain n'est pas la plus grave objection qu'on ait faite à son projet : l'entrée du canal Selfridge se trouve formée, du côté de l'Atlantique, par une des bouches de l'Atrato.

Or, à l'entrée même de ce bras, comme à l'entrée de chaque bras de ce fleuve, se trouve une barre de vase molle à travers laquelle il faudrait établir et maintenir le chenal. Cette objection ne semble pas capitale : on peut, par des séries de pilotis convenablement disposés, donner au courant déjà fort de l'Atrato une chasse assez considérable, sinon pour creuser lui-même le chenal, du moins pour le conserver toujours libre : des travaux analogues ont été exécutés en Amérique, en Hollande et sur le Danube.

La profondeur imposée à tous les canaux interocéaniques est de 8m,50; mais on ne doit pas oublier qu'en maints endroits, quand les barres sont étroites et formées uniquement par des vases fluides, les navires les franchissent, bien que la hauteur de la rivière sur ces bancs soit inférieure à leur tirant d'eau. Ce fait se produit journellement aux différentes passes du Mississipi, à l'entrée du Magdalena, etc. : j'ai passé moi-même sur la barre sud du Mississipi en des conditions pareilles : il serait dangereux d'ériger en règle une telle navigation, mais elle peut se tenter en certains cas.

On a dit aussi que l'Atrato débordait régulièrement, que ses rives disparaissaient sous des flots rapidement accrus et qu'il deviendrait dès lors impossible aux navires de distinguer le lit du fleuve, à moins de le baliser entièrement : un balisage de 250 kilomètres !

Cette objection repose sur une erreur : l'Atrato est bordé en effet de hautes forêts qui émergent toujours au-dessus du niveau des plus hautes crues et permettent par conséquent de toujours reconnaître la route à suivre. Tous les fleuves tropicaux élèvent beaucoup leur niveau à la saison des pluies; aucun d'eux n'est balisé, et cependant la navigation n'est jamais interrompue sur l'Amazone, le Rio Negro, l'Orénoque, etc., dont le sommet des arbres domine seul les eaux grossies.

La plus grande difficulté que semblait présenter ce tracé, c'est la traversée d'un pays absolument désert, pluvieux et malsain. L'installation des chantiers eût demandé un travail considérable; les défrichements eussent été pénibles dans ces forêts plus que séculaires ; l'installation des routes et des chemins de fer préparatoires aurait absorbé des sommes considérables et sans doute un grand nombre d'existences: enfin ce canal réunissait les deux difficultés : les écluses et le tunnel.

Le commander Seldfridge avait établi comme il suit son premier devis :

		Dollars [1].	Dollars.	
		—	—	
Extraction :				
8,141,412 yards cubes de terre	à	0,33 . . .	2,686,666	1re division. — De l'Atrato au bassin.
1,518,115 — de roche	à	1,25 . . .	1,897,644	
1,429,986 — —	à	1,75 . .	2,502,476	
Levée :				
3,302,330 —	à	0,20 . . .	660,466	
Maçonnerie :				
534,139 —	à	2,50 . . .	1,335,347	
Aqueducs.		. . .	539,080	
Onze écluses	à	100,000,00 . . .	1,100,000	
Ecluse n° 9.			200,000	
Redressement du Napipi			103,290	
		Total.	11,024,969	

1. L'unité adoptée par le commander Selfridge est le dollar qui vaut 5f,25 et se subdivise en 100 *cent*.

	Dollars.	Dollars.		
	—	—		
Digue en travers du Napipi.		784,000	2e division.	— Bassin et rigoles.
Murs en aile		57,120		
Aqueduc.		844,000		
Réservoir		200,000		
Total.		1,885,120		
971,111 yards cubes de terre à 0,33.		320,466	3e division.	— Du bassin à la face orientale du tunnel.
377,481 — de roche à 1,25.		471,851		
5,589,868 — — à 1,75.		9,782,269		
Redressement du lit du Doguado.		1,098,000		
Fossés d'écoulement		100,000		
Total.		11,772,586		
Creusement.		21,090,898	4e division	— Tunnel.
Construction d'une voûte d'une moitié de courbe d'arc, d'une épaisseur de 4 pieds, dépense évaluée à 12 dollars le yard cube.		1,800,000		
Total des dépenses du tunnel. . .		22,890,898		
67,882 yards cubes de terre à 0,33 le yard cube.		22,401	5e division.	— De la façade occidentale du tunnel au Pacifique.
395,993 — de roche à 1,25 —		494,991		
Quatorze écluses à 150,000 dollars.		2,100,000		
Total.		2,617,392		

Le prix total de ces cinq divisions est donc de	50,637,484	dollars.
Auxquels le commander Selfridge ajoutait, pour essartement et défrichement.	500,000	—
Mur sur la mer à la baie de Chiri-Chiri	200,000	—
Mur sur la rivière Atrato à l'extrémité est du canal.	25,000	
Travaux d'amélioration à l'embouchure de l'Atrato.	370,000	—
Dépenses diverses	2,000,000	—
25 0/0 d'imprévu	13,433,121	—
Dépense totale.	67,165,605	—

Dans le second projet du commander Selfridge,

son devis montait à 99,861,052 dollars, environ 500,000,000 de francs décomposés comme suit :

8,141,412 yards cubes de terre	2,686,666	dollars.
23,103,816 yards cubes de roches	40,441,678	—
Déblais du Pacifique	517,400	—
Tunnel	32,873,098	—
Enlèvement des matériaux	500,000	—
Digue de la baie Chiri-Chiri	200,000	—
Amélioration de la barre de l'Atrato	370,000	—
Trois écluses à 100,000 dollars.	300,000	—
Dépenses diverses	2,000,000	—
Prix total	79,888,842	—
25 0/0 pour l'inconnu.	19,972,210	—
Total général	99,861,052	—

Après avoir pris connaissance de ces calculs, la commission technique appliquant ses conditions uniformes, les a fait modifier suivant le tableau ci-dessous :

Déblais	Terre	5,656,532 m. c. à	2f 50	14,141,330 fr.
	Roche tendre. .	1,008,800 —	7 00	7,761,600
	Roche dure. . .	28,896,160 —	12 00	346,753,920
Garages aux têtes du tunnel.		1,000,000 —	12 00	12,000,000
Tunnel		5,616 à	38,500	216,216,000
Deux triples écluses.			7,000,000	14,000,000
Écluse de marée				3,500,000
Embouchure du canal sur le Pacifique.				1,000,000
Amélioration de la barre de l'Atrato				1,850,000
Chemin de fer provisoire.				3,900,000
Dépenses diverses				1,400,000
Total.				622,522,850 fr.

A ce total la première sous-commission technique ajouta les observations suivantes :

« Quelque ingénieuse que soit la solution indiquée par M. le commander Selfridge, qui a si complètement exploré toute cette contrée, la sous-commission ne pense pas que l'estimation du coût d'exécution de ce projet, en y comprenant les 25 0/0 d'imprévu, les frais d'administration et de banque, et les intérêts de capitaux, puisse s'abaisser au-dessous de 1 milliard de francs. »

Tout en émettant ce verdict défavorable, le Congrès n'a pu s'empêcher de rendre toute justice à la loyauté et à la science de M. Selfridge, et nul parmi ceux qui se tinrent au courant des travaux exécutés dans l'isthme américain ne marchandera ses éloges à un homme qui les mérite aussi complètement.

XII

Projet de Panama.

TRACÉ L.-N. B. WYSE ET A. RECLUS

Ce tracé a été adopté définitivement par le Congrès international; il convient donc de le faire connaître avec plus de détails que les tracés précédents; nous sommes heureux que notre connaissance de l'isthme américain nous permette de parler en connaissance de cause d'une œuvre aussi importante, mais aussi complexe, et qui fut aussi difficile à bien préparer qu'elle sera difficile à exécuter.

MM. Wyse et Reclus ont vu leurs courageux efforts de trois années, récompensés par l'adhésion presqu'unanime d'une assemblée telle qu'on n'en vit jamais de semblable, et par la haute approbation de M. de Lesseps; ce dernier n'hésita point à adopter un tracé que sa longue et savante expérience, lui représentait, malgré de grands obstacles, comme le meilleur entre tous.

Les explorations de M. Wyse portèrent d'abord

vers le Sud; des renseignements erronés le firent croire à l'existence d'une passe très peu élevée dans les environs du Paya; durant deux années il battit le Darien, courant d'une rivière à l'autre, toujours déçu, jamais découragé. Il renonce à un premier tracé par le Paya et le Caquirri et perd ainsi le fruit de six mois d'un travail acharné; un second projet entre le golfe Saint-Michel et la baie d'Acanti lui semble insuffisant; enfin il se rejette au nord, dans l'isthme de Panama : c'est là qu'il doit trouver le succès éclatant et complet, comme tous les vrais succès, conquis par un labeur sans trêve, chèrement payé par la mort de ses amis et l'ébranlement de sa propre santé.

Les recherches de M. Wyse ne furent point dirigées tout d'abord vers l'isthme de Panama, parce qu'une concession du gouvernement colombien accordait à la compagnie des chemins de fer un privilège exclusif interdisant l'établissement d'une ligne interocéanique au sud et à l'est de la ligne droite joignant la pointe Garachine au cap Tiburon, et parce que la première concession accordée à la société internationale faisait mention de cette réserve.

M. Wyse prévoyant les difficultés que ce dernier contrat pouvait amener dans l'avenir, se rendit à Bogota pour le faire modifier. Afin de gagner un temps dont le remplacement prochain du général-président Aquileo Parra rendait chaque minute précieuse, il gagne Bogota par terre et se rend en quatre jours et demi de Cartago à la capitale, demeurant de treize à vingt-deux heures à cheval et accomplissant un voyage réputé impossible par les hommes du pays, accoutumés cependant aux courses pénibles et aux longs voyages par-dessus les Cordillères.

J'avais l'honneur d'accompagner M. Wyse durant cette chevauchée, et je ne me souviens pas, après trois années de voyages dans les trois Amériques, avoir rencontré une plus grande énergie.

Ces fatigues ne furent pas endurées en vain : le gouvernement et le Congrès accordèrent à M. Wyse une concession large et libérale, et dont la teneur mit en pleine lumière leur désintéressement, leur patriotisme et leur justesse d'aperçus sur l'avenir de la Colombie.

Dès lors les vues de M. Wyse se tournèrent vers l'isthme de Panama, étroit, salubre dans presque toute son étendue, situé en dehors de la zone des tremblements de terre; offrant enfin, grâce au Chagres, à une route et surtout au chemin de fer, des facilités de communications capables de diminuer de moitié la durée des travaux.

Le tracé[1] de MM. Wyse et Reclus compte une longueur de 73,200 mètres, entre les eaux profondes de l'Atlantique et les eaux profondes du Pacifique.

L'entrée du canal sur l'Atlantique se trouvera située dans la baie de Limon, à l'ouest de l'île Manzanillo, l'abritant des vents du nord et du nord-est, qui du reste soufflent rarement avec violence; peut-être cependant, par excès de prudence, pourrait-on préserver

1. Les indications suivantes sont puisées dans le remarquable rapport de M. A. Reclus.

son embouchure par une courte digue. Mais ce n'est point là une nécessité absolue, dans l'état actuel des choses, les plus grands navires s'amarrent sans inquiétude aux quais de Colon. On ne doit aucunement redouter la formation d'une barre à l'entrée du canal, sur l'Atlantique, car le courant du littoral suffira à détourner les quelques sables que le canal, devenu le nouveau lit du Chagres, entraînerait avec lui. Au cas contraire, la mer est assez tranquille pour permettre le travail d'une drague, utile seulement dans la saison des pluies.

Pendant les premiers kilomètres, le canal traverse un sol composé dè débris de coraux et de coquillages, caché sous une légère écorce de terre végétale; aussitôt, il évite les petites collines du Mindi et, pour respecter le chemin de fer, décrit une courbe qui traverse les marais du Mindi, terres meubles et marécageuses, sans roches visibles, lit primitif du Chagres avant qu'il eût changé de direction pour s'ouvrir une bouche à l'ouest de la Sierra du Mindi. — Dans ce terrain peu résistant, desséché en été, époque à laquelle il serait préférable de travailler, il ne sera pas malaisé d'excaver la route interocéanique, qui servira probablement de grand canal de drainage et assainira singulièrement la contrée.

Le canal passe jusqu'au kilomètre 14 environ, dans la plaine de Gatun, de formation récente, transport de terrains, où les couches d'alluvions reposent sur des tufs et des conglomérats modernes, pauvres en fossiles. Le même terrain se prolonge jusque vers la loma du Tigre ($6^m,90$) faite d'un tuf trachytique grisâtre contenant des rognons de roches cristallines trachytiques, sans dolérite ni basalte. Déjà, dans ce parcours, le canal a deux fois traversé le Chagres; il a traversé également la région des bourbiers qui se prolongent jusqu'à l'embouchure du Rio Trinidad; cette traversée des marais du Trinidad, connus sous le nom de Miller's Swamps, est peut-être la seule difficulté sérieuse de cette grande entreprise; les travaux y seront pénibles et dangereux; mais cet obstacle, climatérique plutôt que technique, est loin d'être insurmontable et les craintes manifestées à cet égard semblent presque toujours empreintes d'exagération.

En continuant sa course le canal croise trois fois le Chagres. Le terrain à creuser dans cette partie est formé de terres argileuses; dans le lit de la rivière se rencontrent de nombreux poudingues dont les noyaux sont arrachés aux montagnes qui se dressent au centre de l'isthme; ces poudingues sont formés d'un noyau de roche dure, entouré de grès friable ou de sable agglutiné : ces poudingues constituent donc un terrain essentiellement de transport; et toute cette portion de canal sera facile et peu dispendieuse à creuser.

Vers le 20e kilomètre, il faudra rejeter le plus possible l'axe du canal vers le nord, afin de lui permettre de franchir la courbe de Buhio Soldado en coupant par la plus faible altitude les collines élevées qui se dressent au sud du fleuve. On ne touchera pas à la voie ferrée qu'il importe de ménager.

Le terrain se continue presque pareil depuis la

côte jusqu'aux collines de Buhio Soldado, constituées par des tufs et des conglomérats trachytiques; quelques-uns de ces conglomérats sont riches en oxyde de fer et présentent une apparence analogue à celle des grès schisteux de couleur brunâtre; l'absence de coquilles dans ces différents sols est remarquable; remarquable aussi est la facilité avec laquelle, sous l'influence de l'air, les strates presque horizontales se feuillettent en lames minces. Jusqu'à ce point, les altitudes sont encore faibles, la traversée du Buhio Soldado se fait par 30 mètres au-dessus du niveau de la mer; immédiatement après le terrain retombe à des cotes très basses.

En empruntant ensuite le lit même du fleuve, le tracé du canal évite des déblais assez importants; car les contreforts, qui en ce point s'élèvent de chaque côté du Chagres, sont très escarpés.

Le canal sort de ce défilé délicat pour entrer dans la plaine de Frijole; il est obligé, pendant tout l'espace précédent, de se frayer sa route à travers les tufs et les conglomérats trachytiques, à une altitude peu considérable.

Le tracé coupe la colline de Varro Colorado par le col du méandre que forme le Chagres en cet endroit et se développe dans la grande plaine de Frijole et de Tabernilla; pendant 300 mètres environ il se confond avec le Chagres.

La plaine de Frijole est une grande étendue de tufs, de conglomérats et de brèches trachytiques sans fossiles et ne présente qu'une très faible inclinaison générale.

Dans cette région, le cours du Chagres est moins sinueux; mais, comme les tranchées seront peu élevées, le canal s'en écarte pour suivre une direction plus régulière; un peu au-dessus de Tabernilla, le Chagres reçoit le Rio Caño, son principal affluent de gauche, après les Rios Trinidad et Obispo.

Après cette traversée, le canal coupe le Chagres, le chemin de fer et les contreforts élevés descendant du Serro Taylor. L'altitude des crêtes est, en ces endroits, de 35 à 45 mètres au-dessus du niveau moyen des océans. Le canal rentre ensuite dans la vallée du Chagres.

Sur cette distance, le terrain, par suite de sa plus grande altitude, commence à se transformer; les conglomérats ont beaucoup d'analogie avec les grès et les grauwackes; du côté de San-Pablo, on trouve un trachyte verdâtre et tendre, presque entièrement formé de feldspath décomposé; les trachy-dolérites font leur première apparition. On peut, même d'après Napoléon Garella, considérer les environs de Baila-Monos comme la limite nord des formations des dolérites porphyriques, limite indiquée nettement sur chaque rive du Chagres par une colline. — Vers le kilomètre 36, le tracé du canal rencontre des poudingues peu résistants sous une couche d'argile épaisse.

Bientôt le canal se confond étroitement avec le lit du fleuve; les altitudes sont encore peu considérables. Dans les grèves du fleuve se rencontrent, parmi les cailloux roulés, des trachytes, dolérites, phonolithes, avec des granites, quartz, calcaires et dolomies; le canal traversera sans doute des roches doléritiques et des conglomérats trachytiques. Dans les environs de Gorgona, l'on trouve des trachytes porphyroïdes; les tufs et les conglomérats stratifiés deviennent moins fréquents que les roches cristallines non stratifiées.

Le terrain change d'aspect comme la nature du sol; on se heurte maintenant à des collines coniques, et les curieuses vallées en entonnoir qui abondent dans le sud de l'isthme commencent à se dessiner. La Gorgona est à 23^{m},10 d'altitude.

Les endroits les plus importants, au point de vue géologique, que traverse le canal aux abords du tunnel et devant le tunnel lui-même, sont l'Obispo, Emperador et le Cerro Culebra. M. Reclus parle en ces termes :

« Vers le Rio Obispo on remarque des tufs semblables à des palagonites et des fragments de basalte, et sur les bords de cette rivière on constate l'existence sporadique de calcaires durs contenant de la magnésie et passant aux dolomies véritables.

« A Emperador, des cônes de dolérites s'élèvent près de la ligne de partage des eaux; ils sont généralement entourés de sédiments de tufs et de conglomérats, formés de produits volcaniques sous-marins ou de débris de basalte, de trachytes et de dolérites.

« Le col de Culebra est situé à 87^{m},50 d'altitude, le sommet à 98 mètres. Cette montagne est toute doléritique; le basalte s'y trouve également, et dans le voisinage de la ligne de faîte, il se présente sous forme de masses sphériques dont des écailles se détachent sous l'influence des agents atmosphériques. Ces écailles se décomposent ensuite et forment un terreau brunâtre;

ces masses sphériques sont souvent entourées d'un tuf basaltique dont le ciment est terreux, tendre, semblable à des wackes. » (A. Reclus.)

Après le débouché du tunnel, les altitudes sur le versant du Pacifique décroissent rapidement, mais la formation géologique est plus dure que sur le versant de l'Atlantique. Au pied du Cerro de la Culebra se montrent des basaltes; plus loin, à Paraiso, l'on observe des collines basaltiques. A la surface du sol se remarquent des tufs et conglomérats qui renferment des cristaux de sanidine et de hornblende, et toute la série des roches intermédiaires comprises entre les trachytes et les dolérites; le ciment de ces agglomérations est gris, jaune ou verdâtre, ou bien encore brun et terreux.

A Pedro-Miguel, les dolérites porphyroïdes se divisent en grandes masses sphériques constellées de différents cristaux parmi lesquels prédominent le labrador et l'augite.

Les hauteurs ne cessent de décroître rapidement : Rio Grande n'est qu'à 5m,10 au-dessus du niveau moyen des mers; on rencontre ici des tufs et conglomérats basaltiques; le Rio Grande roule des dolérites porphyroïdes et des basaltes, mais l'absence de granite est remarquable dans tout l'Isthme de Panama.

Sur toute la longueur qui touche au terme de son trajet, le canal sera creusé en ligne droite; il passe à l'ouest du Serro-Ancon par la vallée du Rio Grande, trou de marée où croissent les tristes arbustes des marécages; le canal est peu éloigné de la ville de Panama, et débouche dans un magnifique mouillage. Les roches qui constituent le sol de cette dernière partie sont des grès d'une nuance rougeâtre, stratifiés en bancs horizontaux; leur dureté est grande sans exagération, car sous les eaux de la mer on les trouve forées de petits trous par les invertébrés marins; une partie des anciens remparts espagnols fut construite avec cette roche qui, dans une gangue argileuse, contient des fragments de syénites et de porphyres.

Ces grès rouges se rencontrent sur l'extrême rivage de la mer et sans doute se continuent sous les sables, car ils viennent de nouveau affleurer dans les îles Perico, Flamenco et Taboga.

Le tracé géologique et la coupe du terrain, en allant de l'Atlantique vers le Pacifique, indiquent donc que, pendant le premier tiers environ, il ne devra traverser que des vases, des coraux, des alluvions de toute nature et des marécages. A peine, de loin en loin, rencontrera-t-il des tufs et des conglomérats trachytiques; les excavations se feront toutes en terrains meubles ou en roches tendres.

Après cette première partie, le canal, épousant la vallée du Chagres, rencontrera encore des couches épaisses d'alluvions; le sol qui supporte ces alluvions, d'une hauteur moyenne de 7 mètres, est composé de tufs, de conglomérats et de brèches trachytiques; l'excavation se fera presque par moitié en terre et en roches d'une résistance moyenne.

Vers San-Pablo et Baila-Monos, la couche d'alluvions est moins épaisse; les tufs trachytiques se montrent d'une façon plus continue, les trachytes alternent avec les dolérites : l'excavation se fera donc à travers un sol plus résistant et plus dur à creuser.

Vers le 44e kilomètre, le trachyte et la dolérite de plus en plus abondants constituent un véritable massif; c'est à travers une montagne de dolérite qu'il sera nécessaire de forer le tunnel, ou d'ouvrir la grande tranchée, si l'on préfère un canal à ciel ouvert : un massif de basalte d'une longueur de 1 kilomètre environ fait suite au massif doléritique.

Après le basalte, on retrouve la dolérite sur une longueur de 4 ou 5 kilomètres; toutes ces roches sont dures; heureusement, l'espace sur lequel on les rencontre est-il restreint; dès Pedro-Miguel, on retombe dans les terres d'alluvion; l'épaisseur des couches, par suite de l'escarpement plus prononcé des versants, est moins grande du côté du Pacifique que vers l'Atlantique : enfin, sur les bords mêmes de la mer, on se heurte à des grès rouges, stratifiés horizontalement, analogues à la gaize des Ardennes et d'une dureté moyenne.

XIII

Cours du Chagres.

Le canal, tel que son parcours a été indiqué plus haut, fait presque entièrement disparaître le Chagres ; il semblera en effet superflu de creuser un lit au canal lorsque le lit de la rivière peut en beaucoup d'endroits former la route interocéanique et lui épargner un cube de déblais important. Cette façon de procéder peut susciter plusieurs graves objections : avant d'y répondre, il est nécessaire de connaître le fleuve Chagres et ses principaux affluents, ses vallées, son régime, en un mot, toute sa manière d'être.

Le Chagres prend sa source dans la Cordillère de Pacora, et il se jette dans l'Atlantique à l'ouest de la baie Limon. Son bassin est borné au nord par la chaîne de montagnes qui longe l'Atlantique ; à l'ouest par la Sierra Piña ; au sud par la Cordillère qui sépare les deux versants des deux océans.

Le cours général du Chagres, obligé, surtout dans sa partie haute, de contourner un grand nombre de contreforts, est très tortueux; parfois contraint de se frayer sa route à travers des gorges étroites, il revêt un aspect torrentiel; ses affluents supérieurs présentent les mêmes caractères.

Les principaux affluents du Chagres sont le Pequeñi, le Gatuncillo, le Frijole, et le Gatun sur la rive droite; sur la rive gauche le Chilibre, l'Obispo et le Trinidad, au bord duquel seul se trouvent des marais.

Les dimensions du Chagres sont très variables. Par endroits il semble un ruisseau, par endroits il semble un fleuve important : sa largeur peut varier dans sa partie inférieure entre 50 et 120 mètres et sa profondeur entre 4 et 12 mètres : tantôt le courant est fort, tantôt la rivière forme de grands remous et des étendues d'eau dormante.

Le débit du Chagres est capricieux comme son cours, et ses jaugeages donnent des résultats très divers : le débit varie entre Gorgona et Matachin de 12 mètres cubes pour les saisons sèches, jusqu'à 1,000 mètres cubes pour les crues tout à fait exceptionnelles, c'est-à-dire les plus fortes constatées jusqu'aujourd'hui. A vrai dire, aucun document digne de foi ne mentionne une telle élévation de niveau; mais, lorsqu'un canal doit lutter contre un fleuve, il faut prévoir même l'impossible.

Il importe, comme le Chagres se déverse dans le canal, de retenir son débit moyen au point où il se jette dans le canal interocéanique. Ce débit moyen durant la saison sèche est de 21 mètres cubes; de 75 mètres cubes dans la saison humide.

Outre la vallée et le lit du Chagres, le canal emprunte la vallée et le lit du Rio Grande. Cette rivière prend sa source à l'ouest du Cerro Culebra; ce n'est même pas pour ainsi dire une rivière, mais une dépression de terrain dans laquelle pénètre la marée; ce fleuve se termine en bourbier couvert d'une végétation mesquine, mangliers, pitas et guagajas, qui poussent dans les eaux saumâtres et les terrains bas.

XIV

Crues du Chagres.

OBJECTIONS DE M. HAWKSHAW.

Une objection fut faite, qui tirait un grand poids de la situation personnelle de Hawkshaw, au tracé de canal interocéanique proposé par M. Wyse; elle était dirigée contre les crues subites du Chagres et l'accroissement énorme de son débit. Un canal à niveau dont le lit est inférieur au Chagres, doit comme ce fleuve drainer tout le bassin auquel il appartient : il faudrait donc donner au canal des dimensions suffisantes pour recevoir toute l'eau de la région, c'est-à-dire une section nouvelle au moins égale à celle du Chagres.

Or, a dit M. Hawkshaw, les dimensions que le *canal pouvait atteindre pour être financièrement exécutable* sont de moitié trop faibles; le souterrain surtout présente une section beaucoup trop insuffisante, *et la quantité d'eau que M. l'ingénieur Menocal attribue au Chagres dans ses grandes crues est plus que suffisante pour remplir entièrement le tunnel.*

Nous n'avons pu dissimuler notre surprise en écoutant un ingénieur aussi distingué que M. Hawkshaw émettre une assertion aussi peu fondée, et comme ses paroles étaient traduites, nous nous sommes pris à penser qu'elles avaient été mal comprises et mal interprétées.

En effet, l'altitude de la surface de l'eau dans le Chagres, au point où il tombe dans le canal, est de 23 mètres au-dessus du niveau moyen de ce canal, lorsque se produisent les plus fortes crues constatées.

Or le lit du Chagres demeure intact, mais en temps normal ses flots s'écouleront par les deux branches du canal vers l'Atlantique et vers le Pacifique ; lorsqu'une crue exceptionnelle se produira, les eaux monteront naturellement dans le canal et s'écouleront moitié vers un océan, moitié vers l'autre. Les eaux continueront de monter jusqu'au moment où leur niveau atteindra l'ancien lit du Chagres *situé à 12 mètres* au-dessus du niveau moyen du canal ; mais à ce moment elles pénétreront dans l'ancien lit et s'écouleront forcément par ce débouché, qui jusqu'ici a suffi *seul* à l'écoulement des plus fortes crues. Donc, il est indiscutable que, *dans aucun cas*, les crues dans le canal ne pourront dépasser la hauteur de 12 mètres. Comment rempliraient-elles le tunnel dont la clef de voûte est située à 34 mètres? Nous le répétons, M. Hawkshaw a été mal traduit, car jamais cet homme éminent n'aurait prétendu que plus les eaux ont de débouchés, moins elles doivent s'écouler.

Bien plus, si l'on admettait la théorie de M. Hawkshaw, et si l'on croyait à l'écoulement de toutes les eaux par le Pacifique on se trouverait en présence d'une anomalie singulière, car il faudrait admettre la possibilité d'une muraille d'eau verticale de 34 mètres de hauteur.

Si l'on redoute l'entrée d'une masse d'eau trop grande dans le canal, il est possible de parer à cet inconvénient : il suffit simplement de régulariser le débit du Chagres et de ne laisser pénétrer dans le canal qu'une quantité d'eau constante.

Il est bon d'adopter, pour y parer, les chutes de pluie les plus fortes. Les rapports officiels de l'amiral Ammen constatent à Colon-Aspinwall (le point le plus humide de l'isthme) une couche d'eau annuelle maximum de $3^m,15$ et une couche de pluie de 80 centimètres pour un seul mois; le commander Selfridge a noté une pluie exceptionnelle de 17 centimètres; en prenant comme base des calculs ces chiffres élevés et en les appliquant au bassin du Chagres en amont de Matachin, environ 1,350 kilomètres carrés, le cube total d'eau se monte à 230 millions de mètres cubes.

Donc, pour parer à une surélévation de 12 mètres dans le plan d'eau du canal, on doit emmaganiser cette crue énorme et exceptionnelle, et ne lui permettre de s'écouler que graduellement dans le canal; si l'on atteint ces résultats, on aura répondu à l'objection. Or, en amont de Matachin se trouvent dans la vallée du Chagres des étranglements remarquables; il suffit de barrer ces étranglements pour arrêter les crues des affluents ou du Chagres.

« La commission d'exploration américaine a constaté que les versants de la vallée du Chilibre se trouvent à 7 mètres plus bas que le terre-plein des berges de la gorge qui se trouve en aval, près du confluent du Chilibre et du Chagres. Sur la droite aboutit en ce point une autre vallée basse, en sorte qu'en cet endroit se trouve un grand bassin en forme de feuille de trèfle, qu'il serait on ne peut plus facile de barrer et de transformer en lac. » (A. Reclus.)

Des étranglements pareils se retrouvent au confluent du Rio Pequeni et du Chagres, à la Campana et en amont de Cruces ; ils peuvent être convertis en vastes bassins ; ces réservoirs seraient capables de contenir une quantité de 600 millions de mètres cubes. En décembre 1878, le volume total de la crue qui, pendant trois jours, se maintint à Matachin, à 7 mètres au-dessus de l'étiage moyen, ne s'éleva qu'à 207,367,000 mètres cubes. Cette crue est la plus forte peut-être qu'on ait constatée, car les surélévations de niveau ne durent généralement que douze ou vingt-quatre heures, et une crue même de 11 mètres, pendant une journée entière, ne donne à Matachin qu'un volume de 112,320,000 mètres cubes.

On voit par conséquent que la capacité des lacs artificiels est plus que suffisante pour emmagasiner l'eau des pluies : il est aisé par des siphons renversés de laisser écouler l'eau de ces réservoirs dans le canal, en quantité déterminée à l'avance, de façon qu'elle ne puisse produire un courant dangereux pour les navires ; la bouche des siphons ne pourrait être obstruée, car elle serait au-dessus du fond du réservoir; ces bassins auraient en outre le grand avantage de recevoir la majeure partie des troubles et des matières charriées par le Chagres et ses affluents supérieurs, et d'en affranchir ainsi le plafond du canal.

Pour les affluents inférieurs, on sera peut-être forcé de recourir à une rigole latérale, et de relier des boucles du Chagres, ce qui créerait à très peu de frais un petit canal parallèle : quant au Rio Trinidad, il est aisé de lui donner une autre bouche pour empêcher ses eaux de tomber dans le canal.

On voit que dans les différents calculs qui précèdent on prend comme point de départ les chiffres les plus élevés que l'on puisse trouver : l'heureuse disposition du terrain en amont de Matachin et les grandes vallées en contre-bas permettraient même de braver des crues plus hautes que les plus fortes crues signalées.

Dans ce parcours rapidement indiqué, le Chagres traverse les marais du Mindi et du Rio Trinidad. Beaucoup d'ingénieurs et de médecins redoutent la traversée de ces terres meubles. Je crois en effet que ce passage sera le plus difficile pour le canal, mais il ne faut pas non plus s'exagérer le péril.

Il est certain que tout mouvement de terrain provoque dans l'atmosphère l'expansion de miasmes nuisibles : à Paris même, en creusant les fortifications, en créant les nouveaux quartiers, on a développé des fièvres intermittentes connues sous le nom de *fièvres des démolitions;* à plus forte raison, sous les climats tropicaux, doit-on supposer l'engendrement rapide et violent de ces maladies. Mais le travail, dans les parties malsaines, se fera tout entier à la drague; les boues seront envoyées dans la mer, ou à de grandes distances, et toujours sous le vent dominant; des roulements de services seront prévus pour ne pas laisser longtemps les mêmes ouvriers dans la région pestilentielle.

Les partisans du Nicaragua exploitent ces marais de Panama : ils racontent avec horreur que sous chaque traverse du chemin de fer est enterré un coolie (80,000). La Compagnie du chemin de fer négligea longtemps de rectifier ces erreurs invraisemblables; n'avait-elle pas intérêt à effrayer d'autres Compagnies qui auraient pu lui faire une concurrence ruineuse? Aujourd'hui, la vérité est connue : les 80,000 Chinois morts se réduisent à 400; et, lorsque dans le Congrès, Panama fut traité de charnier, des protestations indignées s'élevèrent et M. Ch. Wiener, entre autres, après avoir longtemps parcouru ces régions, réclama avec force contre cette épithète si peu méritée.

Au reste, les partisans du Nicaragua furent aussi mal inspirés en invoquant les marais du Panama qu'en invoquant ses tremblements de terre, car l'un et l'autre argument devaient se retourner contre eux.

A Panama, les eaux descendent de sommets élevés; la largeur de l'isthme ne dépasse pas 60 kilomètres, et la ligne de partage se trouve à 10 lieues de l'Atlantique. L'écoulement des eaux y est donc fort rapide; les versants sont parfaitement drainés; les eaux ne peuvent séjourner, et par suite les marais ne peuvent trouver place que dans les parties les plus basses de la vallée et sur le rivage de l'Océan, c'est-à-dire au confluent du Rio Trinidad et sur les bords du Mindi. La longueur totale de ces parties basses n'atteint même pas 11 kilomètres.

Au Nicaragua, la plastique de la vallée est très différente; l'altitude du lac est si faible que les eaux de son déversoir, le San-Juan, doivent parcourir une route de 200 kilomètres pour descendre de 33 mètres; encore cette pente est-elle inégalement répartie.

La moindre crue du fleuve fait épancher les eaux sur de larges surfaces, et ces épanchements successifs ont formé une bande de marécages qui ceint le fleuve sur un parcours de 120 kilomètres. En outre, au sortir de la région des collines, le San-Juan se déchiquète en une multitude de ruisselets, comparables aux ramifications des artères, qui se mêlent, s'embrouillent, s'enchevêtrent et vont, véritables anastomoses, au hasard des pentes indécises, se confondre avec les autres rivières paresseuses et dormantes de la côte. Si Colon porte beaucoup de surnoms, Aspinwall, Naos, Navy, Limon, Greytown n'en porte qu'un, mais il est significatif : le Tombeau des Européens.

XV

Courants dans le canal projeté.

La différence des marées entre l'Atlantique et le Pacifique donne naissance à une autre inquiétude, et peut faire craindre des courants dont la rapidité opposerait un grand obstacle à la navigation. Des ingénieurs distingués ont affirmé qu'une écluse de marée serait indispensable pour combattre ces courants; ces craintes après un mûr examen semblent peu fondées, et la vitesse des courants sera moins grande qu'on ne l'a répété.

Les marées les plus faibles de l'Atlantique n'ont qu'une dénivellation de $0^m,19$; les plus élevées ont une amplitude de $0^m,49$; ce qui donne une oscillation moyenne de 0,34. Les marées de l'Atlantique, à vrai dire, n'ont pas de régime fixe, elles sont aussi irrégulières que peu importantes.

A Panama, au contraire, les marées offrent de très grandes amplitudes : l'amplitude minimum en mai et juin est de $5^m,40$; en novembre et décembre, elle est de $6^m,49$; l'amplitude minimum en mai et juin est de $2^m,42$; en novembre et décembre, de $2^m,95$; ce qui donne pour moyenne en mai et juin $3^m,66$; en novembre et décembre $4^m,30$.

Une cause de courants importante et digne d'être signalée, c'est la différence de niveau entre les deux Océans : le niveau de la baie de Panama est un peu plus élevé que le niveau moyen de la baie de Limon ; ces différences sont variables et donnent les chiffres suivants :

En mai et juin	Vives eaux.	$0^m,43$
—	Mortes eaux	$0^m,20$
—	Marées moyennes. .	$0^m,23$
En novembre et décembre . .	Vives eaux.	$0^m,11$
—	Mortes eaux	$0^m,23$
—	Marées moyennes. .	$0^m,04$

Les nombreuses observations faites à des époques différentes ont permis de dresser le tableau suivant :

Hauteur des hautes mers de vives eaux du Pacifique au-dessus des hautes mers de vives eaux de l'Atlantique :

En mai et juin	$2^m,86$
En novembre et décembre.	$3^m,08$

Abaissement des basses mers de vives eaux du Pacifique au-dessous des basses mers de vives eaux de l'Atlantique :

En mai et juin	$2^m,00$
En novembre et décembre	$2^m,86$

Élévation des hautes mers de mortes eaux du Pacifique au-dessus des hautes mers de mortes eaux de l'Atlantique :

En mai et juin	1m,90
En novembre et décembre	2m,06

Abaissement des basses mers de mortes eaux du Pacifique au-dessous des basses mers de mortes eaux de l'Atlantique :

En mai et juin	1m,49
En novembre et décembre	1m,60

Nous avons vu dans le chapitre précédent que le Chagres se jette dans le canal à la moitié environ de son parcours, et que son débit pouvait être réglé de façon à ne jamais dépasser un maximum déterminé : on peut donc en ce moment ne pas tenir compte du courant de ce fleuve, qui viendra s'ajouter, en vitesse précisée, au courant produit par les différences de propagation des marées de l'Atlantique et du Pacifique.

Le canal interocéanique comporte une pente de 2 mètres qui va de l'Atlantique au Pacifique, c'est-à-dire que son débouché dans la rade de Panama est de 2 mètres en contre-bas de son débouché dans la baie de Limon : donc, possédant ces différentes données, on peut en déduire des hypothèses qui présentent d'ailleurs tous les caractères de la certitude.

Faisant abstraction du Chagres et considérant le cas où le niveau de la marée s'est abaissé de 2 mètres au-dessous du niveau moyen dans le Pacifique, on arrive aux conclusions énoncées par M. A. Reclus :

« La pente superficielle de l'Atlantique au Pacifique, étant de 2 mètres et égale à la pente du plafond du canal, le régime uniforme s'y établira, la profondeur sera de 8m,50 sur toute la longueur, et il s'écoulera 170 mètres cubes d'eau à la seconde dans le Pacifique avec une vitesse moyenne uniforme de 0m,77.

« Les eaux du Pacifique continuant à baisser au-dessous de ce niveau, le mouvement varié s'établira dans le canal du côté du Pacifique et remontera peu à peu jusqu'à l'Atlantique; pour une baisse supplémentaire de 1m,24, c'est-à-dire lorsque l'océan Pacifique sera aux plus basses mers de vives eaux, on peut admettre que le mouvement varié ne se sera pas propagé jusqu'à l'Atlantique, en sorte que le débit restera constant, la vitesse augmentera dans la branche Pacifique du canal et sera maximum au débouché où 170 mètres cubes auront à s'écouler par une section de 195 mètres carrés, ce qui nous donne une vitesse moyenne maximum de 0m,87.

« Lorsque la mer recommence à monter, la vitesse diminue; elle redevient à 0m,77 quand la marée n'est qu'à 2 mètres au-dessus du niveau moyen. La vitesse est nulle quand les deux Océans sont à la même hauteur. La marée continuant à gonfler, le courant en sens inverse s'établit dans le canal, il atteint sa vitesse maximum quand la marée est haute.

« Aux plus hautes mers de vives eaux la différence de niveau entre le Pacifique et l'Atlantique est de 3m,24. Comme ici le plafond du canal présente une contre-pente au courant, le mouvement uniforme ne pourra s'établir; et, ainsi que nous l'avons dit plus haut, les formules connues du mouvement varié ne sont pas applicables à ce cas. Pour avoir une valeur approximative de la vitesse dans le canal, nous sommes réduits à adopter la vitesse d'écoulement d'un canal ayant partout la même section qu'au débouché dans l'Atlantique et ayant une pente totale de 3^{m},24 du Pacifique à l'Atlantique. La vitesse ainsi obtenue est de 0^{m},98, et le débit de 216 mètres cubes par seconde. » (A. Reclus.)

Si maintenant, grâce aux lacs artificiels et aux siphons, on donne au Chagres un débit uniforme de 200 mètres cubes par seconde, on trouvera que le courant de jusant cessera presque complètement dans la branche Atlantique, mais dans la branche Pacifique il atteindra une vitesse supérieure à 1 mètre aux basses mers de vives eaux. Au moment où les deux Océans seront au même niveau, il se produira dans chaque branche du canal un courant vers la mer, ayant une vitesse d'environ 50 centimètres. Le courant de flot, s'étendant d'un bout à l'autre du canal, ne s'établira que lorsque les eaux du Pacifique se seront élevées à 1^{m},40 au-dessus du niveau moyen : sa vitesse maximum n'atteindra pas 1^{m},20 par seconde.

Si l'on donne au Chagres, après ses crues exceptionnelles, un débit de 400 mètres cubes, afin d'épuiser rapidement les réservoirs, les courants de flot et de jusant disparaîtront dans le canal pour faire place aux courants d'écoulement du fleuve, courants variables avec la hauteur des marées dans le Pacifique.

En ce cas, aux plus basses mers du Pacifique, le courant sera le courant maximum, et atteindra $1^m,46$ par seconde, c'est-à-dire près de 5 kilomètres par heure; en augmentant même cette vitesse pour tenir compte de l'influence du vent qui pourrait s'y ajouter, on voit que ce courant *maximum* ne gênera pas la navigation; il dépend, au reste, des ingénieurs de la diminuer; mais nous avons voulu comme toujours envisager les cas le plus défavorable, et attribuer à l'imprévu plus qu'il n'avait raisonnablement le droit d'exiger.

Cette vitesse, qui ne sera point constante, n'implique pas la construction d'une porte d'ebbe, qui ne saurait être qu'un obstacle à la navigation, obstacle beaucoup plus grave que les courants auxquels donne lieu l'écoulement du Chagres dans le canal et la différence des marées entre l'Atlantique et le Pacifique. MM. Wyse et Reclus ont cherché sans relâche le moyen d'établir un passage maritime entièrement de niveau; et leur projet, mûrement étudié, savamment déduit, ne comporte pas la création d'une écluse de marée dont le seul effet, nous le répétons, serait de barrer la route aux navires.

Durant la période des travaux le Chagres présentera plusieurs inconvénients; toutes les difficultés sont prévues, et les ingénieurs auront le choix entre deux moyens : le premier, radical, consiste à changer le cours du Chagres et à le déverser dans le Pacifique, au lieu de l'Atlantique; peut-être adoptera-t-on ce procédé qui, au moyen de tunnels compliqués, supprime le fleuve avec tous ses inconvénients et serait peut-être préférable à une série de dérivations; peut-être préférera-t-on procéder autrement, et creuser le canal entre les différentes boucles du Chagres, pour abattre au dernier moment les cloisons ménagées et permettre aux eaux du fleuve de remplir leur nouveau lit.

Il est juste également de remarquer que si la présence du Chagres et de ses affluents présente de grandes difficultés, elle offre aussi de grands avantages, en mettant au service des ingénieurs une force hydraulique considérable : 10,000 chevaux vapeur fournis par un débit minimum de 75 mètres cubes par seconde et une chute de 15 mètres.

Dans notre opinion, on pourra, pour le transport des déblais, utiliser les procédés employés en Californie et en Colombie. Dans les mines d'émeraudes de Musso, exploitées par M. G. Lehmann, la main-d'œuvre serait trop élevée s'il fallait employer les charrois; aussi donne-t-on à un petit cours d'eau, au moyen de vannes habilement disposées, une chasse considérable qui transporte des fragments et des blocs de roches dont plusieurs dépassent 1 mètre cube : la chasse énorme que l'on peut donner au Chagres facilitera singulièrement les déblais; il roulera les terres et les roches divisées, dans une dérivation du canal, et abaissera singulièrement le prix de la main-d'œuvre. — On peut aisément, en asservissant le Chagres et en dirigeant sa force, atteindre des résultats prodigieux.

Il est plus que probable que des infiltrations se produiront et qu'il faudra les épuiser; cette observation porte également sur le canal du Nicaragua : le plafond du canal de Panama est situé au-dessous du niveau de la mer, mais la tranchée de Rivas n'est-elle pas située au-dessous du niveau du lac?

On a prétendu que les pluies noieraient les travaux, qu'elles accumuleraient 20 ou 25 mètres d'eau sur les machines; 25 mètres d'eau! Ces chiffres ne sont pas sérieux : je me permettrai, après avoir vu et étudié toute la région de Panama, de faire observer à M. Flachat que les pluies ne commencent guère avant cinq heures de l'après-midi, quatre heures au plus tôt, et qu'en admettant, pendant leur chute, l'interruption complète des travaux, on ne perdrait, *pendant la saison humide seulement*, qu'une heure ou deux par jour : en nous reportant aux mines de Musso, nous voyons que, malgré des chutes torrentielles, le travail ne fut interrompu qu'*un jour* en une année. Quant à la disparition des machines sous une nappe profonde, j'imagine que les réservoirs régulateurs, remplissant un rôle analogue à celui des flotteurs dans une chaudière, sauront maintenir le Chagres à un niveau constant.

XVI

Dimensions du canal.

Le canal à niveau de Panama doit traverser un massif doléritique, le Cerro de la Culebra, dont le sommet est à 98 mètres au-dessus du niveau moyen des Océans; l'altitude du col est beaucoup moins élevée, elle compte cependant $87^{m},50$ et 80 mètres seulement dans la tranchée du chemin de fer. La traversée de ce massif comporte donc un tunnel ou une tranchée très profonde.

L'ouverture des tranchées, même de dimensions aussi colossales, est un travail connu; les tranchées du *Desague* de Mexico ont une profondeur de plus de 60 mètres, et n'ont donné jusqu'ici lieu à aucune plainte fondée, à aucun éboulement : elles furent cependant coupées dans un terrain volcanique et comptent une longue existence.

Les roches doléritiques de Panama sont particulièrement propres à l'ouverture des grandes tranchées ou d'un tunnel gigantesque : elles se divisent facilement sous l'action des substances explosibles et sont en même temps douées d'une très grande ténacité ; les clivages ne sont pas à redouter et le savant ingénieur qui les a examinées, M. Daubrée, les assimile aux roches du Lioran (Cantal).

Les grandes tranchées de Panama pourront être attaquées sur tous les points à la fois, et le travail pourra être mené très rapidement : il est bon de faire ressortir que les tranchées de plus de 80 mètres ne porteront que sur 300 ou 400 mètres; pendant 2,000 mètres environ, ces tranchées descendent à 70 mètres pour ne se continuer avec 50 mètres de hauteur que sur 7 kilomètres. Immédiatement après, elles tombent à des hauteurs normales, 14 et 15 mètres : cette remarque est fort importante pour l'établissement des devis, et c'est une erreur grave de M. Cotard, de compter au même prix 1 mètre cube arraché à une tranchée de 80 mètres cubes et 1 mètre cube extrait d'une tranchée ne mesurant que 14 mètres.

Les auteurs du projet, MM. Wyse et Reclus, avaient considéré le tunnel comme plus économique et plus sûr que les grandes tranchées; l'opinion de plusieurs ingénieurs éminents semblait leur donner raison; mais la commission technique du Congrès a fixé l'extraction de 1 mètre courant du tunnel à un prix tellement élevé que Wyse et Reclus ont renoncé à leur tunnel, non sans l'avoir défendu avec une énergie puisée dans une conviction formelle.

Il est fort possible que, dans le cours des travaux, on

reconnaisse l'avantage d'un tunnel sur des tranchées extraordinairement profondes; aussi sera-t-il bon de faire connaître les difficultés d'établissement que comporte cette excavation.

Les dimensions que la Commission technique et, plus tard, le Congrès ont adoptées pour un canal à niveau sont indiquées dans le tableau suivant. Il est entendu tout d'abord que le canal interocéanique, comme le canal de Suez, n'aura qu'une seule voie, c'est-à-dire que les navires ne pourront pas se croiser; des garages seront établis de distance en distance pour permettre aux navires montants de se ranger devant le passage des navires descendants.

Profondeur du canal	8m,50
Longueur constante de la cunette au plafond.	22m,00
Inclinaison des talus dans les terres	2 de base pour 1 de hauteur.
Largeur de la ligne d'eau dans les terres.	56m,00
Inclinaison des talus dans les roches tendres	1 à 2 de base pour 1 de hauteur.
Inclinaison des talus dans les roches dures	0m,00
Largeur de la ligne d'eau dans les roches dures.	22m,00

Pendant toute la traversée en roches dures, les parois verticales de la cunette s'élèveront à 2 mètres au-dessus du niveau du canal; à cette hauteur devront être ménagées des banquettes de 2 mètres de largeur; au-dessus des banquettes, les roches seront taillées à l'inclinaison moyenne d'un dixième jusqu'à leur rencontre avec les terrains meubles qui couvrent les masses rocheuses. A ce point de contact seront établies de nouvelles banquettes, larges de 2 mètres, avec talus au-dessus de 2 de base pour 1 de hauteur.

MM. Wyse et Reclus avaient proposé les dimensions suivantes :

Largeur du plafond aux débouchés dans les deux océans	100m,00
Largeur constante de la cunette au plafond.	20m,00
Inclinaison des talus submergés en mer.	2 de base pour 1 de hauteur.
Inclinaison des talus dans les terres, coraux, alluvions, etc., versant Atlantique. .	2,00 de base pour 1 de hauteur.
Largeur de la ligne d'eau en niveau moyen.	50m,00
Inclinaison des talus, versant Pacifique.	15m,00 de base pour 10 de hauteur.

Dans les tufs trachytiques, doléritiques et basaltiques, dans les trachytes, dolérites et basaltes, la largeur de la ligne d'eau au niveau moyen des mers est de 32 mètres. Dans ces terrains, les berges submergées descendent, avec un talus de 3 mètres de base, jusqu'à 6m,50 de profondeur au-dessous du niveau moyen et, à partir de cette profondeur, se raccordent en ligne droite avec l'arête du plafond.

Au-dessus du niveau moyen, les berges du canal Wyse comptent 1 de base pour 1 de hauteur dans les terres, et 1 de base pour 10 de hauteur dans les roches.

Les dimensions proposées par Wyse et Reclus et les dimensions adoptées par la Commission technique ne présentent donc que de minimes différences. Le rayon minimum des courbes est fixé de part et d'autre à 3,000 mètres et la longueur des gares d'évitement à 500 mètres. Un canal creusé sur ces profils peut servir à la navigation la plus étendue, si l'on remarque surtout qu'une somme importante est prévue pour le soutènement en maçonnerie de certaines parties et que des arcades, destinées à s'opposer à la poussée des roches, seront évidemment ménagées de distance en distance.

La hauteur du tunnel est fixée à 30 mètres au-dessus du niveau de l'eau; la forme ogivale proposée par Wyse a été modifiée.

Un tunnel d'une hauteur totale de 40^{m},50 et d'une largeur de 22 mètres serait à coup sûr une œuvre extraordinaire, qui, plus que tout autre, mériterait d'être appelée la huitième merveille du monde; cependant les ingénieurs du plus grand mérite s'accordent à le reconnaître praticable. Les points d'attaque, grâce à la faible épaisseur de la calotte rocheuse, pourraient être multipliés à volonté et diminueraient dans des proportions étonnantes le temps nécessaire à la perforation de cette voie souterraine.

L'on ne peut trouver aucune objection invincible contre un tunnel maritime; le raisonnement que l'on invoque presque toujours est celui-ci : « L'on n'a pas encore fait de tunnel aussi important. »

Mais si l'on attendait, pour accomplir une chose

nouvelle, qu'elle eût déjà été faite, il est évident qu'on ne l'accomplirait jamais. Il est remarquable en outre que l'*inconnu* est presque toujours moins terrible qu'on ne l'imagine. L'inconnu, eh! mon Dieu! ce n'est pas autre chose que l'étoffe blanche qui prend la nuit, pour un enfant, l'apparence d'un fantôme redoutable; sa terreur s'efface s'il y porte hardiment la main.

La traversée d'un navire dans les parties étroites du canal, tranchées profondes à ciel ouvert ou tunnel, sera facile. Une défense en bois, composée de gros madriers, protègera les navires de tout frottement contre le roc. Les navires se maintiendront pour ainsi dire d'eux-mêmes dans l'axe du canal ou dans une direction parallèle. En effet, lorsqu'un navire avance dans une section étroite, il se produit le long de ses flancs un courant qui vient combler en arrière du bâtiment le vide causé par son passage; le refoulement de l'eau à l'avant, qui surélève le plan d'eau du canal, et la dénivellation à l'arrière, donnent à ce courant une rapidité de plus en plus grande de l'avant à l'arrière du navire, où la vitesse de ce courant, et par suite sa puissance, sont notables.

« Supposons maintenant que le navire, au lieu de se déplacer suivant l'axe du canal, fasse une petite embardée; que son avant, par exemple, s'écarte de 2 mètres sur la gauche de l'axe, l'arrière s'écartera également de 2 mètres sur la droite ; l'avant du navire se trouvera ainsi à 9 mètres de la berge de gauche et à 13 mètres de la berge de droite; son arrière, au contraire, sera à 13 mètres de la berge de gauche et à 9 mètres de la berge de droite. La section d'échappement du courant de bâbord s'élargit ainsi à mesure que l'on va de l'avant à l'arrière et le courant n'atteint pas la même vitesse qu'en route normale; de l'autre côté, au contraire, la section se rétrécit de plus en plus, les vitesses augmentent, il se produit un bourrelet d'eau sur le flanc du navire, des filets d'eau traversent le canal en passant sous la quille, la direction du courant vient choquer obliquement la carène. A cause de l'augmentation de vitesse du courant, à mesure qu'on se rapproche de l'arrière, la résultante de toutes ces pressions et de toutes ces forces s'applique sur l'arrière, en travers du navire, et tend à le ramener dans l'axe du canal.

« Ceci nous indique aussi que la sensibilité du navire au gouvernail est un peu diminuée, et qu'il faut par conséquent un plus grand angle de barre qu'en mer libre pour le faire évoluer de la même quantité. Ici, cet inconvénient devient un avantage : comme les navires n'auront pas à faire d'évolutions, qu'ils n'auront qu'à se maintenir dans la direction du chenal, on évitera les accidents résultant de faux coups de barre donnés par des timoniers maladroits, accidents qu'on ne peut toujours éviter, malgré la plus attentive surveillance.

« Cette difficulté de s'écarter de l'axe du chenal a déjà été remarquée au canal de Suez. Les pilotes ont constaté que c'est avec beaucoup de facilité, sans avoir à tourmenter constamment le gouvernail, que les navires se tiennent en route. La section du canal interocéanique dans les terres est un peu plus faible que celle du canal de Suez; la facilité de maintenir le navire en route y sera plus grande; comme la section diminue dans les tranchées des roches et au passage du tunnel, il en résulte que, dans ces deux trajets, la tendance du navire à se tenir dans l'axe du canal sera encore augmentée, et compensera la diminution de l'espace libre de chaque côté. Si à cela on ajoute que, dans le tunnel, l'homme de barre verra, en avant de lui, la sortie du souterrain paraître comme un point lumineux sur lequel il n'aura qu'à projeter l'avant du navire pour être bien en route, on doit admettre que le passage du tunnel pourra se faire par les navires à vapeur sans avoir besoin de recourir à des toueurs ou à des câbles télédynamiques. » (A. Reclus.)

Des expériences ont été faites par le commandant Selfridge dans l'arsenal de Boston sur la vitesse que pouvaient obtenir les navires dans des sections étroites; ces expériences l'ont convaincu que cette vitesse ne pouvait dépasser 2 milles à l'heure sans soulever une lame de 6 pieds de haut; les dimensions du canal Selfridge sont plus restreintes que celles du canal Wyse, et les expériences du commander sont en contradiction avec les phénomènes qui se passent journellement dans les souterrains de Pouilly sur le canal de Bourgogne, et les souterrains de Riqueval et de Tronquay sur le canal de Saint-Quentin.

« La largeur du souterrain de Pouilly est de $6^{m},20$, le mouillage de $2^{m},40$, ce qui correspond à une section de 14 mètres environ; les bateaux qui font le trafic sur le canal de Bourgogne ont 30 mètres de long, 5 mètres de large, $1^{m},40$ de tirant d'eau avec chargement complet et $0^m,25$ de tirant d'eau à vide. La section immergée des couples de ces chalands est donc de 7 mètres carrés, c'est-à-dire la moitié de la section mouillée du canal.

Les expériences directes exécutées par M. Bazin ont montré que la dénivellation, dans le bief de Pouilly, n'a été que de $0^m,20$ pour un convoi de sept bateaux chargés et de 2 bateaux vides, ayant une vitesse de $0^m,60$, c'est-à-dire de 2,160 mètres à l'heure.

La largeur des souterrains du canal de Saint-Quentin est de $6^m,60$, leur profondeur de $2^m,20$; leur section est donc inférieure à $14^m,50$; la largeur des chalands est de $4^m,80$ et leur tirant d'eau en charge de $1^m,80$, ce qui correspond à une section immergée des couples de $8^m,64$, environ les 0,61 de la section mouillée du canal. Des expériences ont fait constater une dénivellation de $0^m,135$ lors du passage d'un convoi.

Le contrat conclu avec le gouvernement colombien établit, comme limites des dimensions principales des navires pouvant transiter par le canal, une longueur de 140 mètres, une largeur de 16 mètres et un tirant d'eau de 8 mètres. Tous les navires de commerce à voiles ou à hélice ont des dimensions beaucoup plus faibles, et, à l'exception des cuirassés de premier rang et des anciens vaisseaux à hélice de premier et second rang, les navires de guerre de toutes les marines pourront ainsi profiter du canal. Les navires de guerre qui se rapprochent le plus des dimensions maximum imposées par le contrat sont les croiseurs de première classe du type *Tourville;* ils ont $7^m,90$ de tirant d'eau et $15^m,40$ de large. La section immergée du maître-couple de ces navires est de 75 mètres; la section de la cuvette du canal à la basse mer, dans le souterrain, est de 187 mètres, en sorte que le rapport entre ces deux sections n'est que de 40 à 100.

« La vitesse des navires engagés dans le canal interocéanique sera, il est vrai, plus forte que celle des chalands qui trafiquent sur les canaux de Bourgogne ou de Saint-Quentin, mais comme le rapport entre le maître-couple immergé et la section mouillée du canal est beaucoup plus faible, qu'en outre les formes des navires de mer sont affinées à l'avant et à l'arrière, contrairement aux chalands, lesquels sont aussi larges aux extrémités qu'au milieu, et qu'enfin les navires ne passeront pas en longs convois, on peut admettre que la dénivellation à l'avant et à l'arrière ne dépassera pas $0^{m},30$. Il resterait donc sous la quille du *Tourville* encore $0^{m},20$ de profondeur, ce qui est suffisant. Du reste, si des faits ultérieurs viennent démontrer que cette prévision n'est pas exacte, il suffira, par des transports de poids très faciles, de diminuer la différence de tirant d'eau, souvent considérable, des navires ». — (A. Reclus.)

Quelques personnes ont demandé qu'on éclairât le tunnel, tandis qu'un système particulier maintient le navire en marche rigoureusement dans l'axe du tunnel : l'on s'arrête généralement à cette dernière demande, et si le navire est maintenu de façon à ne pouvoir dévier, l'éclairage, toujours superflu, devient parfaitement inutile.

XVII

Différents devis du canal.

Le prix du canal de Panama a donné lieu à de longues et laborieuses discussions; différents devis ont été établis à plusieurs reprises. Tout d'abord, M. Wyse avait fixé le coût total de son projet à 475 millions de francs. Ses prix semblaient fort élevés, car il avait toujours adopté le maximum, et je ne crois pas que dans l'exécution ce coût total soit beaucoup dépassé; des lettres de M. Dirks, le célèbre ingénieur hollandais, de M. Lemasson, etc., approuvaient l'évaluation des différents travaux. La Commission technique a voulu cependant faire une part plus large encore à l'imprévu et elle a augmenté certains prix, ceux du tunnel surtout, dans de fortes proportions.

Cette Commission commença par fixer les prix unitaires suivants :

Déblais à sec.	Terres.	2 fr. 50
	Roches moyennement dures. . .	7 fr. 00
	Roches dures.	12 fr. 00

Pour les travaux sous l'eau : dragages, extraction des roches, etc., elle s'arrêta aux prix de :

2 fr. 50 pour dragage dans les vases et les terrains d'alluvion.
12 fr. 00 pour dragage en terrains durs.
35 fr. 00 pour l'extraction des roches sous l'eau.

Wyse et Reclus, d'après ces données nouvelles, établirent leur nouveau devis[1] :

Profondeur : 8 m. 50 ; largeur au plafond : 22 mètres ; largeur moyenne à la surface : 40 mètres : banquette de 2 mètres de large sur toute l'étendue des deux berges du canal : talus de 2 mètres pour 1 dans les terres et de 1/10 dans les roches ; section mouillée : 187 mètres carrés dans les roches, 340 mètres carrés dans les terres ; rayon minimum des courbes : 3,000 mètres : durée de l'exécution : 8 ans.

DÉBLAIS

17,300,000 m. c.	de terres, alluvions, etc. .	à 2 fr. 50	43,250,000
50,000	de roches tendres désagrégées	5 »	250,000
5,600,000	de tufs et conglomérats . .	7 »	39,200,000
23,200,000	de dolérites, trachytes et basaltes.	12 »	278,400,000
46,150,000 mètres cubes, soit.			361,100,000

TRAVAUX DIVERS

Déboisage de 300 hectares de terrain à 1,500 fr. l'hectare	450,000
Barrage du Chagres et rectification de son cours moyen latéralement au canal	42,000,000
A reporter.	403,550,000

1. Pour tenir compte des observations qui ont été présentées au Congrès d'études du canal interocéanique, le présent projet à niveau constant est débarrassé des courants provenant des grandes marées du Pacifique, ainsi que des eaux et par suite des crues du Chagres et de ses affluents.

Report.	403,550,000
Ouverture d'un débouché pour le Rio Gatun, dans l'anse d'Escondido (1,000,000 mètres cubes à 2 fr. 50) drainant les terres à l'orient du canal.	2,500,000
Rectification du rio Trinidad (200,000 mètres cubes à 2 fr. 50) drainant les terres à l'occident du canal. .	500,000
Phares supplémentaires, balisage.	700,000
Établissement de trois portes d'ebbe (prix fixé pour une écluse complète).	7,000,000
Supplément probable de dépenses pour l'élargissement de l'avant-bassin (extraction des roches sous l'eau, à 35 francs le mètre cube).	5,250,000
Enrochements du chenal dans la rade de Panama . .	6,000,000
Brise-lames de Colon mi-partie en blocs naturels, 850 mètres à 5,000 francs par mètre courant. . . .	4,250,000
Wharfs, maisons, hangars, pieux d'amarrage	1,500,000
3 ponts de chemins de fer de 15 à 35 mètres de portée	750,000
Total des dépenses prévues pour le canal . . .	432,000,000
25 pour 100 en plus pour les intérêts, frais d'administration et éventualités quelconques.	108,000,000
Total général.	540,000,000

Ce devis semblait répondre à toutes les exigences. La sous-commission technique en jugea différemment, et M. Cotard dans son rapport dit : « Que l'exécution d'une tranchée étroite et exceptionnellement profonde, sur une longueur de plus de 30 kilomètres, présentera de grandes difficultés au point de vue de l'organisation des chantiers et que le prix de 12 francs, accepté d'abord pour des tranchées de moindres dimensions, doit être augmenté pour la tranchée, substituée au tunnel, de 6 francs par mètre cube ;

« Que tous les déblais situés au-dessous, soit du niveau de la mer, soit de celui du Chagres, doivent aussi être majorés de 6 francs pour tenir compte des dépenses d'épuisement et sujétions de chantiers et qu'il y a lieu de prévoir des revêtements en maçonnerie pour consolider les talus, presque à pic des tranchées. »

La commission établit alors son devis, comme il suit :

		Mètres cubes.	Francs.
Déblais et dragages dans les terres alluvions		17,300,000 à 2f,50	43,250,000
Déblais dans les roches peu résistantes		50,000 à 5 »	250,000
Déblais dans les tufs et conglomérats	au-dessus du Chagres.	4,600,000 à 7 »	32,200,000
	au-dessous —	1,000,000 à 13 »	13,000,000
Dolérites et Trachytes	au-dessus du niveau de la mer	14,600,000 à 18 »	262,800,000
	au-dessous du niveau de la mer	3,400,000 à 18 »	61,200,000
	au-dessus du niveau des eaux du Chagres	5,200,000 à 18 »	93,600,000
Revêtement partiel en maçonnerie sur les parois de la cunette du canal et les talus des plus profondes tranchées		600,000 à 60 »	36,000,000

Différents travaux tels que :

Barrage du Chagres	25,000,000
Rectifications du Chagres	17,000,000
Port du Pacifique y compris l'écluse de marée	23,000,000
Port de l'Atlantique	5,000,000
	612,000,000
25 pour 100 d'imprévu	153,075,000
5 pour 100 pour frais de banque et administration	38,268,000
Total	803,643,000
En admettant douze années pour la durée des travaux et en ajoutant 30 pour 100 d'intérêts, on arrive au total général de	1,044,000,000

dans lequel n'est pas comprise l'indemnité à payer à la Compagnie du chemin de fer de Panama.

Ce devis d'un prix trop élevé et qui ne tenait aucun compte de la différence de hauteurs dans la grande tranchée, qui attribue l'énorme majoration de 6 francs à la moitié des déblais, qui fait supporter cette majoration par Panama seul, au lieu d'en attribuer sa part équitable au Nicaragua dont une tranchée mesurait 49 mètres de hauteur, et dont une autre tranchée se prolongeait pendant 14 kilomètres au-dessous du niveau du lac, sujette par conséquent aux infiltrations, ce devis commettait des exagérations évidentes ; aussi M. Wyse a-t-il établi son devis définitif d'une façon inattaquable et d'après les données mêmes de la sous-commission. Le voici définitivement arrêté :

DEVIS RECTIFIÉ

DU PROJET DE

CANAL INTEROCÉANIQUE

A NIVEAU CONSTANT ET A CIEL OUVERT

DE LA BAIE DE LIMON A LA RADE DE PANAMA

D'après les dimensions
et les prix établis par les sous-commissions techniques[1]
dans la séance du 23 mai 1879.

Profondeur : 8 m. 50 ; largeur au plafond : 22 mètres; largeur moyenne à la surface : 40 mètres; banquette de 2 mètres de large sur toute

1. Pour tenir compte des observations qui ont été présentées au Congrès international d'études du canal interocéanique, le présent projet à niveau constant est débarrassé des courants provenant des grandes marées du Pacifique, ainsi que des eaux et par suite des crues du Chagres et de ses affluents. Les évaluations des dépenses supplémentaires ainsi que la durée des travaux ont été révisées par M. Couvreux et autres grands entrepreneurs, et l'ensemble du projet a été adopté par la presque unanimité du Congrès dans la séance solenelle du 26 mai 1879.

l'étendue des deux berges du canal ; talus de 2 mètres pour 1 dans les terres et de 1/10 dans les roches; section mouillée : 187 mètres carrés dans les roches, 340 mètres carrés dans les terres; rayon minimum des courbes : 3,000 mètres; durée de l'exécution : 8 ans.

DÉBLAIS

17,300,000 m.c.	de terres, alluvions, etc. . . .	à 2f 50	43,250,000
50,000	de roches tendres désagrégées.	5 »	250,000
5,600,000	de tufs et conglomérats	7 »	39,200,000
23,200,000	de trachytes, dolérites et basaltes.	12 »	278,400,000
46,150,000 mètres cubes, soit			361,100,000
Installation préliminaire : bureaux, magasins, logements, piquetage du tracé définitif, division des chantiers, outils et matériel pour commencer l'attaque.			2,000,000

TRAVAUX DIVERS

Matériel naval et premiers frais de transport.	3,000,000
Essartement et déboisage de 300 hectares de terrain à 1,500 fr. l'hectare	450,000
Barrage du Chagres et rectification de son cours moyen latéralement au Canal.	42,000,000
Ouverture d'un débouché pour le rio Gatun, dans l'anse d'Escondido (1,000,000 de mètres cubes à 2 fr. 50) drainant les terres à l'orient du Canal. . .	2,500,000
Rectification du Rio Trinidad (200,000 mètres cubes à 2 fr. 50) drainant les terres à l'occident du canal. .	500,000
Phares supplémentaires, balisage.	700,000
Établissement de trois portes d'ebbe ou de marée. . .	7,000,000
Supplément probable de dépenses pour l'élargissement de l'avant bassin (extraction des roches sous l'eau, à 35 francs le mètre cube).	5,250,000
Enrochements du chenal dans la rade de Panama. . .	6,000,000
Amélioration de la baie de Limon. Brise-lames de Colon mi-partie en blocs naturels, 850 mètres à 5,000 francs par mètre courant.	4,250,000
Supplément de dépenses pour excavation de 7,500,000 mètres cubes de roches diverses en contre-bas de la	
A reporter. . . .	71,650,000

Report.	71,650,000
cote 0 (épuisements et sujétions de transport) à 6 francs le mètre cube	45,000,000
Revêtement probable des mauvaises parties de la grande tranchée ou augmentation du cube des déblais par l'établissement partiel de banquettes intermédiaires et de talus moins raides	36,000,000
Garniture de défense en bois à la ligne d'eau, pieux d'amarrage	1,600,000
Wharfs, maisons, hangars.	1,500,000
3 ponts de chemins de fer de 20 à 40 mètres de portée.	750,000
Divers	400,000
Total.	156,900,000

RÉCAPITULATION

Déblais.	363,100,000
Travaux divers.	156,900,000
Total des dépenses prévues pour le canal. .	520,000,000
50 pour 100 en plus pour les frais de banque et d'administration, les intérêts à payer pendant la construction, les dépenses imprévues et autres éventualités quelconques, etc.	260,000,000
Total général.	780,000,000

La première section (terres) du 0 au kilomètre 22 a 499 mètres carrés de section moyenne et 10,600,000 mètres cubes y compris les gares.

La deuxième section (roches), du vingt-deuxième au soixante-deuxième kilomètre, a 818 mètres carrés de section moyenne et 32,750,000 mètres cubes (gares comprises), dont 3,900,000 dans les terres.

La troisième section (terres), du 62e kilomètre au 75,200e mètre, a 400 mètres carrés de section moyenne et 2,800,000 mètres cubes y compris les gares.

FRAIS ANNUELS DU CANAL.

ENTRETIEN

Curage de la cunette dans les terres (33 kilomètres), à 4^{mc},40 par mètre courant, soit 146,200 mètres cubes à 2 fr. 50.	363,000
Curage de l'embouchure du chenal Atlantique, 200,000 mètres cubes à 2 fr. 50.	500,000
Curage du bassin d'ebbe, 25,000 mètres cubes à 2 fr. 50.	62,500
Curage des gares, 17,500 mètres cubes à 2 fr. 50. . . .	43,750
Entretien des portes d'ebbe à 25,000 par paire.	75,000
Entretien des feux, balises et pieux d'amarrage pour 73 kilomètres.	73,000
Entretien du barrage de Cruces et des levées.	600,000
Réparation du matériel et des bâtiments.	150,000
Personnel d'entretien.	200,000
Divers.	332,750
Total.	2,400,000

EXPLOITATION

Chefs de gares, télégraphistes, canotiers pour 7 gares à 40,000 fr. chacune.	280,000
Personnel du transit et des deux ports.	200,000
Barragistes.	20,000
Manœuvres pour les portes d'ebbe.	45,000
Phares et divers.	55,000
Total.	600,000

N. B. — Les frais de pilotage, de remorquage et d'amarrage, qui sont proportionnels à la longueur du canal et à la durée du transit, sont supportés directement par le navire.

LUCIEN N.-B. WYSE.

Cependant M. Henry Bionne, secrétaire général du Congrès, aujourd'hui secrétaire général de la société du canal interocéanique, fondée par M. de Lesseps, dans sa lecture d'un court rapport d'ensemble, a maintenu le chiffre de 1,200,000,000[1]. Ce nombre formidable n'a effrayé aucun membre du Congrès, car tous se rendaient un compte exact que la dépense ne pourrait en aucun cas s'élever à un pareil total, et le Congrès tout entier, malgré les puissants efforts faits en faveur de Nicaragua, a voté le canal à niveau de Panama, certain que lui seul donnait la solution ardemment recherchée.

1. Le chiffre de 1,200,000,000 fr. (comprenant, du reste, les frais d'entretien et d'exploitation capitalisés à 5 0/0, cité par M. Bionne d'après le Congrès, n'est pas un chiffre absolu; il indique simplement une relation de coût entre les différents projets, et dans ce cas particulier ne veut dire qu'une chose, le canal de Panama coûtera plus cher que le canal du Nicaragua.

XVIII

Influence du canal sur la navigation.

Il serait impossible de creuser un canal interocéanique si le transit des navires ne devait fournir un intérêt rémunérateur pour les immenses capitaux engagés dans cette grandiose entreprise. Plus que le canal de Suez, le canal de Panama est utile au monde; la traversée d'Europe en Californie suit aujourd'hui la voie lointaine et périlleuse du cap Horn; les navires, exposés aux coups de vent, à des mers houleuses, à des écueils, payent des assurances très élevées; ils perdent un temps qui représente une somme plus considérable encore que celle des assurances. Le proverbe anglais : *Time is money,* devient plus vrai chaque jour et tend à se faire naturaliser dans tous les pays. De prime abord on peut dire qu'un canal interocéanique réalise une économie de dépenses et une économie de temps, c'est-à-dire une double économie d'argent.

Plus le canal eût été situé au nord, plus il eût rapproché New-York de San Francisco, New-York de la Chine et l'Europe occidentale de l'Asie orientale; cette raison d'intérêt personnel a fait probablement soutenir le Nicaragua par les Américains, mais l'intérêt d'une nation doit s'effacer devant l'intérêt universel.

Cet intérêt universel a fait admettre comme un principe sans conteste la neutralité absolue du canal; cette grande voie interocéanique ouvre une porte sur chaque Océan : il faut que ces deux portes restent constamment ouvertes et que nulle nation, si puissante qu'elle soit, ne s'arroge le droit d'en mettre les clefs dans sa poche.

Aucun gouvernement ne fera ce canal; il sera l'œuvre d'un homme qui travaillera pour tous, qui agira au nom et dans l'intérêt des particuliers de toutes nations, et M. Ferdinand de Lesseps ne souffrira pas que cette grande voie, creusée par les efforts universels réunis et condensés en lui seul, soit jamais soumise à une tyrannie gouvernementale et devienne la propriété d'un peuple au détriment des autres nations.

Une clause du contrat de concession détermine d'une façon mathématique et sans incertitude possible la mesure suivant laquelle les navires devront payer pour transiter; leurs frais de passage ne se règleront pas d'après leur tonnage, mesure sujette à différentes interprétations et qui a causé tant d'ennuis et d'embarras au canal de Suez; ils se règleront d'après le parallélipipède circonscrit à la carène immergée : cette mesure est simple, rigoureuse et très rapide à obtenir.

Le prix à payer pour le passage n'est pas encore fixé, il ne pourra l'être qu'après expérience, mais le contrat donne toute latitude à cet égard; il est certain toutefois que la Compagnie n'exigera, dans son intérêt même, qu'un taux rémunérateur pour elle et avantageux pour le navire.

La diminution considérable des distances et la grande économie réalisée sur les assurances procureront au canal de Panama une clientèle nombreuse. Un navire partant de New-York pour San-Francisco, ou les côtes du centre Amérique et du Mexique occidental, fait une économie de 2,400 à 3,000 lieues marines, c'est-à-dire quarante-cinq ou cinquante jours pour les vapeurs et quatre-vingt-dix à cent jours pour les voiliers. De New-York au Chili ou au Pérou, la diminution est de 1,400 lieues; de 1,400 lieues également entre New-York et le Japon. Sur le trajet entre New-York et la Chine on gagne 1,000 lieues marines, tout autant entre New-York et l'Australie. La route entre l'Europe et la côte occidentale de l'Amérique sous l'équateur est abrégée de 2,500 lieues. Les traversées de retour, si elles passent par Suez, réaliseront des économies de temps plus considérables encore par suite de la direction constante des alizés du nord-est et du sud-est.

Les assurances s'abaisseront dans une proportion remarquable, car les mers à traverser sont belles et peu sujettes à des troubles violents, sinon à de courtes époques de l'année : les vents sont réguliers et constamment établis; un voilier peut en ces conditions arriver presque à jour fixe. Cet avantage est considérable, car certaines marchandises précieuses ne peuvent attendre longtemps sans voir s'amoindrir leur valeur. Les cotons, les thés, les soies, les épices et d'autres produits précieux doivent être emportés sur l'heure et jetés au plus tôt sur les docks de Liverpool, de Southampton, de Brême, de Hambourg, de Marseille, de Bordeaux et du Havre. On sait que les navires chargés de thés font entre eux des courses de plusieurs milliers de lieues pour arriver quelques instants plus tôt ; on sait que certains capitaines offrent à Suez des surtaxes pour passer avant leur tour ; le caractère de notre époque a pour signe distinctif la vitesse : l'on veut arriver plus tôt, pour pouvoir repartir plus tôt.

L'on a craint que les calmes et les brises folles du golfe de Panama n'attardassent les navires, et les adversaires du canal interocéanique objectent l'aventure de François Pizarre qui employa soixante-dix jours à sortir de la baie ; mais les navires de Pizarre furent construits sur la côte du Pacifique même par des hommes inexpérimentés : ils devaient ressembler fort peu à des navires, et il est plus étonnant de les avoir vus sortir soixante-dix jours seulement de la baie que de les avoir vus en rester soixante-dix jours à louvoyer.

Au ras même des côtes existe une étroite bande de calmes et de brises folles, mais déjà aux îles des Perles le vent commence à s'établir : les voiliers pourront aisément être remorqués jusque dans ces parages, et de là faire route définitive. — Cet inconvénient est commun à toute la côte occidentale de l'Amérique jusqu'à Acapulco, et le port de Brito n'est guère plus favorisé par la brise que le port de Panama.

Il est probable, au reste, que le percement du canal interocéanique développera beaucoup la construction des navires mixtes, à cales profondes, à formes arrondies et à petite machine économique ; ces navires auront le grand avantage de traverser rapidement les zones de calmes produites par la rencontre des deux alizés, et de vaincre à peu de frais cet obstacle ; leurs voiles puissantes mettront à profit les brises fortes et constantes qui les porteront *gratis* jusqu'à leur destination. Les vapeurs, dans ce trajet d'Europe ou de New-York en Chine, ne trouveraient que des points de ravitaillement très éloignés : leur charbon serait cher, et ils devraient en faire de grandes provisions qui accapareraient la place destinée aux marchandises. Si le canal de Suez a créé toute une flotte de vapeurs, le canal de Panama créera toute une flotte de voiliers.

L'ouverture de ce grand passage interocéanique donnera une impulsion puissante au commerce des peuples américains : les échanges se feront plus rapides et plus nombreux entre les nations de la vieille Europe et les nations de la jeune Amérique. La Californie fera passer par le canal ses millions de tonnes de blé, ses soieries, ses vins dont la réputation grandit, et les bois de ses hautes forêts ; les cafés, les riz, les sucres et les cotons du Guatemala, du Honduras, du Salvador, du Nicaragua et du Costa-Rica abonderont sur nos marchés ; le Pérou enverra ses riches guanos et ses salpêtres inépuisables; enfin un large courant, d'une intensité toujours croissante, s'établira entre New-York, la Cité-Empire, et San-Francisco, la ville aux Portes d'Or. San-

Francisco sera relié à l'Europe par ce trait d'union entre deux mers; et l'homme aura enfin complété le grand chemin circulaire international qui lui permettra d'aller droit où il veut aller : le canal de Suez et le canal de Panama sont les deux moitiés d'une ceinture qui fait le tour du monde.

Un économiste des plus autorisés, M. E. Levasseur, dans un rapport d'une netteté et d'une déduction remarquables, fixe comme transit probable du canal, lors de son achèvement, le chiffre de 7,250,000 tonnes; à 15 francs par tonne, prix raisonnable, le canal rapporterait un bénéfice net de 108,750,000 francs. Malgré ce chiffre élevé payé par le commmerce, les armateurs et les commerçants réaliseront chaque année des économies importantes et remercieront de Lesseps d'avoir complété son œuvre, et d'avoir, nouveau Titan, entassé Panama sur Suez.

Une grande part de leur reconnaissance reviendra à MM. Wyse et Reclus qui ont consacré leur existence à la recherche d'une solution si impatiemment attendue, et qui ont cherché cette solution à travers les montagnes hostiles et la forêt vierge; une part aussi aux Américains dont l'ensemble des travaux constitue un véritable monument scientifique, une part enfin au commander Selfridge, hardi, tenace et savant, qui, certain du succès, a sollicité l'honneur de commander le premier navire qui passera de l'Atlantique au Pacifique à travers les marais, les rivières, les rocs et les monts.

En contemplant la route parcourue par notre siècle, en songeant aux idées fécondes et nobles qu'il a semées derrière lui, en regardant son chemin couvert d'œuvres grandioses, l'on doit être fier d'appartenir à un siècle qui a si merveilleusement développé l'héritage légué par les âges précédents, et qui chaque jour dompte plus servilement la nature. Oui, nous devons être fiers, car si de Lesseps tient dans ses mains la merveilleuse épée de Roland, qui fendait les montagnes, c'est notre siècle qui a forgé cette épée.

XIX

Les membres du Congrès international.

Une question aussi importante pour le monde entier que le percement d'un canal interocéanique ne pouvait être tranchée, sans blesser les intérêts particuliers, que par un jury international. Il fallait choisir des hommes que leur haute situation personnelle mettait à l'abri des suggestions mesquines, et que leur incontestable probité garantissait de toute faiblesse.

Peu de réunions comptent autant et de si illustres noms que ce grand jury international qui tint, dans l'hôtel de la Société de géographie de Paris, ses séances destinées à demeurer fameuses dans les fastes des sciences géographiques, économiques et techniques.

Les pays les plus lointains avaient choisi leurs représentants; le Mexique prenait part au vote avec don José de Garay, et la Chine avec le mandarin Li-Shu-Chang; les États-Unis avaient envoyé à travers l'Atlantique l'amiral Ammen, le commander Selfridge, et l'ingénieur Menocal; ces deux derniers noms furent plus d'une fois applaudis. Selfridge et Menocal ne représentaient-ils pas avec Wyse et Reclus les explorateurs intrépides et infatigables qui avaient fait entrer le Darien, ce pays inconnu, dans le domaine des pays connus.

Si Selfridge et Menocal, Wyse et Reclus, représentaient l'exploration savante et courageuse, l'amiral de La Roncière Le Noury, MM. Meurand, Maunoir et Gauthrot représentaient la science géographique; M. Levasseur, la science économique; MM. Appleton et Dietz-Monin, le haut commerce; l'amiral Lekhatchof, le commander Linden, le capitaine de vaisseau de Marivault et d'autres encore, la marine.

Combien de noms connus et fameux dans cette assemblée :

Sir John Stokes, le commandeur Cristoforo Negri, Ch. Wiener, l'explorateur du Pérou et de la Bolivie, le fouilleur qui exhuma des documents dix fois séculaires, et que l'instruction publique chargeait de missions difficiles toujours bien terminées; Simonin, l'homme d'esprit, le docteur Broch, aux vues nettes et précises, les députés Georges Périn et Paul Bert; de Quatrefages, Conrad et Dirks, les grands ingénieurs hollandais qui domptent les mers du Nord; Couvreux, l'homme du Danube, de Gand et du port d'Anvers; Daubrée, l'illustre président de l'Académie des sciences; le commandant Perrier, du bureau des longitudes; Cérésole, l'ancien président de la Confédération helvétique; puis les présidents, vice-présidents et délégués d'un grand nombre de sociétés géographiques, parmi lesquels figuraient les Belges Hane-Steenhuyse, du Fief et Wauwermans; enfin des ingénieurs comme MM. Hawkshaw, Muller, Effelt, Meyer, Favre, du Saint-Gothard, Gioia, Huber, Kleitz, Laroche, Larousse, de Lépinay, de Maere-Limnander, Pascal, Ruelle, Voisin-Bey, etc.

Un seul homme était capable de présider dignement une réunion aussi grande, et d'imposer à ces noms fameux l'autorité de son nom plus fameux : Ferdinand de Lesseps.

Le Congrès s'était réuni le **15** mai; dès le **29**, il avait terminé sa tâche et pouvait rendre son verdict sans appel. Ses travaux avaient fait le tour de presque toutes les connaissances humaines; et il répondait en parfaite connaissance de cause :

Le Congrès estime que le percement d'un canal interocéanique à niveau constant, si désirable dans l'intérêt du commerce et de la navigation, est possible, et que ce canal maritime, pour répondre aux facilités indispensables d'accès et d'utilisation que doit offrir avant tout un passage de ce genre, devra être dirigé du golfe de Limon à la baie de Panama.

Cette réponse était accueillie par des bravos enthousiastes; les acclamations exaltaient le nom de Ferdinand de Lesseps, car on comprenait que le canal entre les deux grands Océans venait de se faire.

FIN

TABLE DES MATIÈRES

CHAPITRE IX.

CHAPITRE X.

CHAPITRE XI.

CHAPITRE XII.

CHAPITRE XIII.

CHAPITRE XIV.

CHAPITRE XV.

CHAPITRE XVI.

CHAPITRE XVII.

CHAPITRE XVIII.

CHAPITRE XIX.

PARIS. — Impr. J. CLAYE. — A. QUANTIN et Cᵉ, rue St-Benoît. [1357]

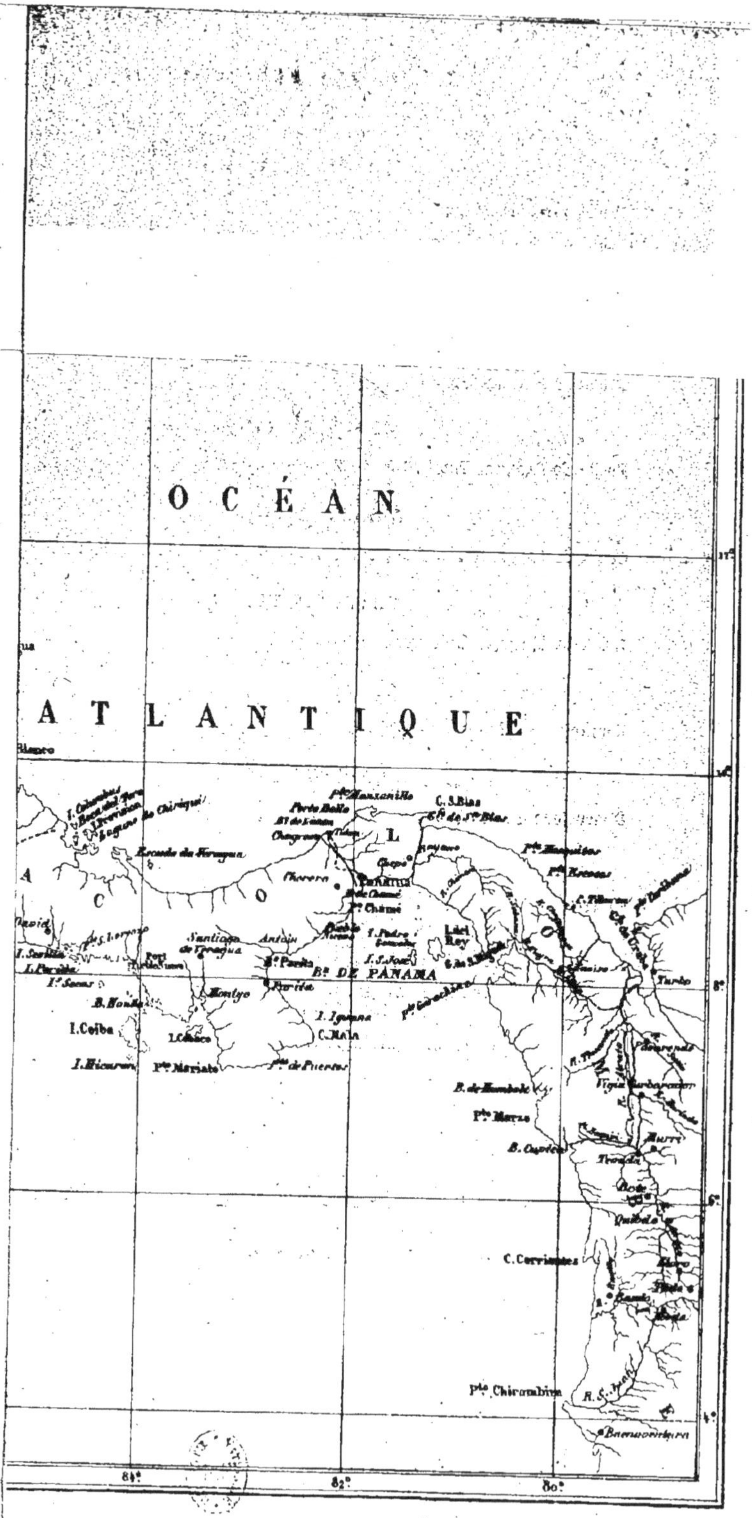

OCÉAN

ATLANTIQUE

Blanco

Pte. Manzanillo

C. S. Blas

Golfe de St. Blas

Porto Bello

Chagres

Lagune de Chiriqui

Escudo de Veragua

Chorera

Panama

Pte. Chamé

Pte. Mosquitos

Santiago de Veragua

Antón

Parita

Bie. DE PANAMA

I. S. José

I. del Rey

I. Secas

B. Honda

I. Coiba

Montijo

I. Iguana

C. Mala

I. Hicacos

Pte. Mariato

Pte. de Puercos

Pte. Garachiné

Turbo

Vigia Curbarador

B. de Humbolt

Pte. Marzo

B. Cupica

Murri

Quibdo

C. Corrientes

Pte. Chirambira

Buenaventura

12°

10°

8°

6°

4°

84°

82°

80°

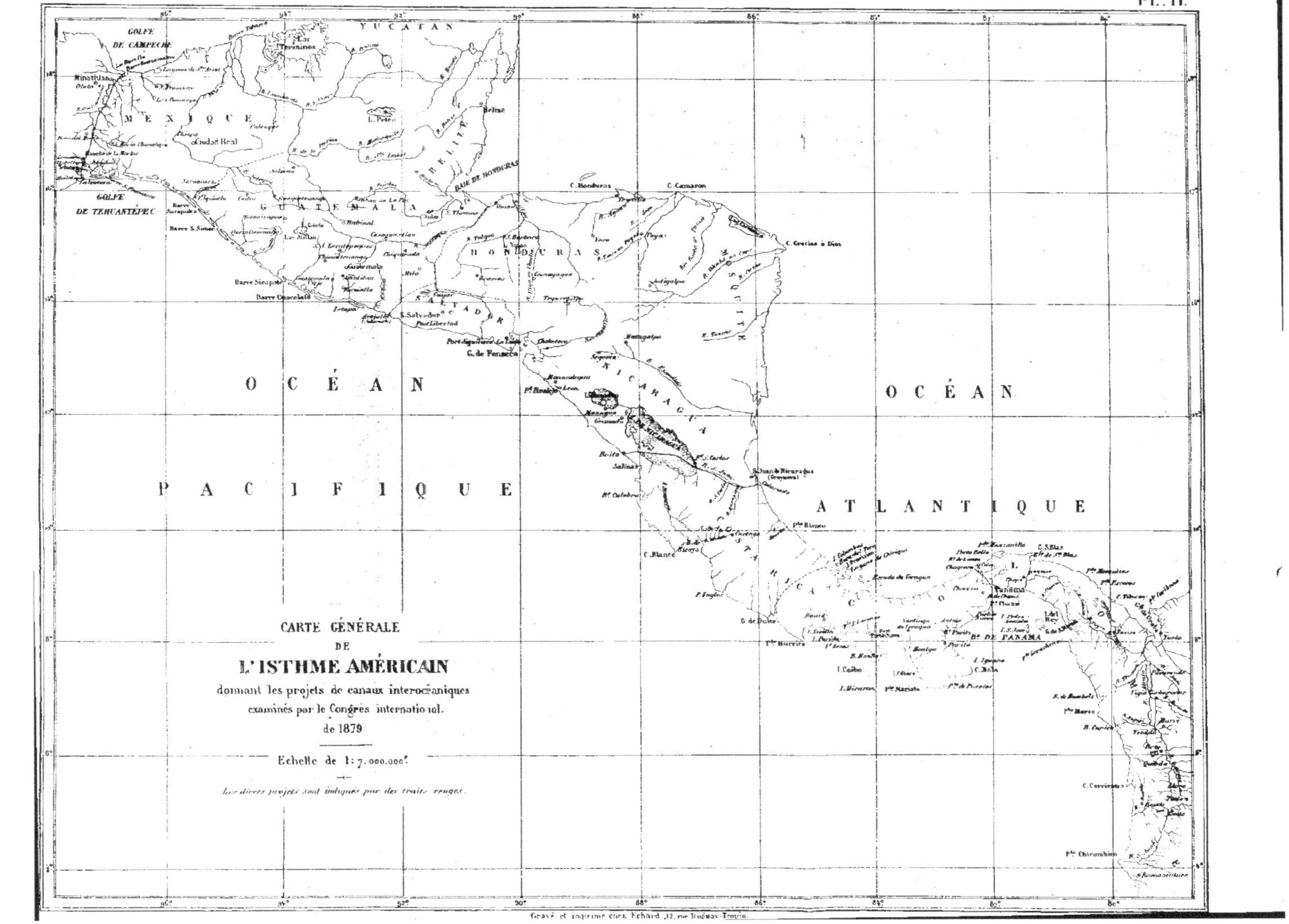
CARTE GÉNÉRALE
DE
L'ISTHME AMÉRICAIN
donnant les projets de canaux interocéaniques
examinés par le Congrès international.
de 1879
Echelle de 1: 7.000.000^e
Les divers projets sont indiqués par des traits rouges.
OCÉAN PACIFIQUE
OCÉAN ATLANTIQUE
YUCATAN
MEXIQUE
GUATEMALA
HONDURAS
NICARAGUA
GOLFE DE CAMPECHE
GOLFE DE TEHUANTEPEC
BAIE DE HONDURAS
G. de Fonseca
B^e DE PANAMA
C. Gracias à Dios
C. Camaron
C. Honduras
C. Blanco
Panama
Ciudad Real
L. Peten
S. Salvador
Gravé et imprimé chez Erhard, 12, rue Duguay-Trouin.

TRACÉ PROPOSÉ PAR MM. WYSE ET RECLUS ET ADOPTÉ PAR LE CONGRÈS INTERNATIONAL DU CANAL INTEROCÉANIQUE

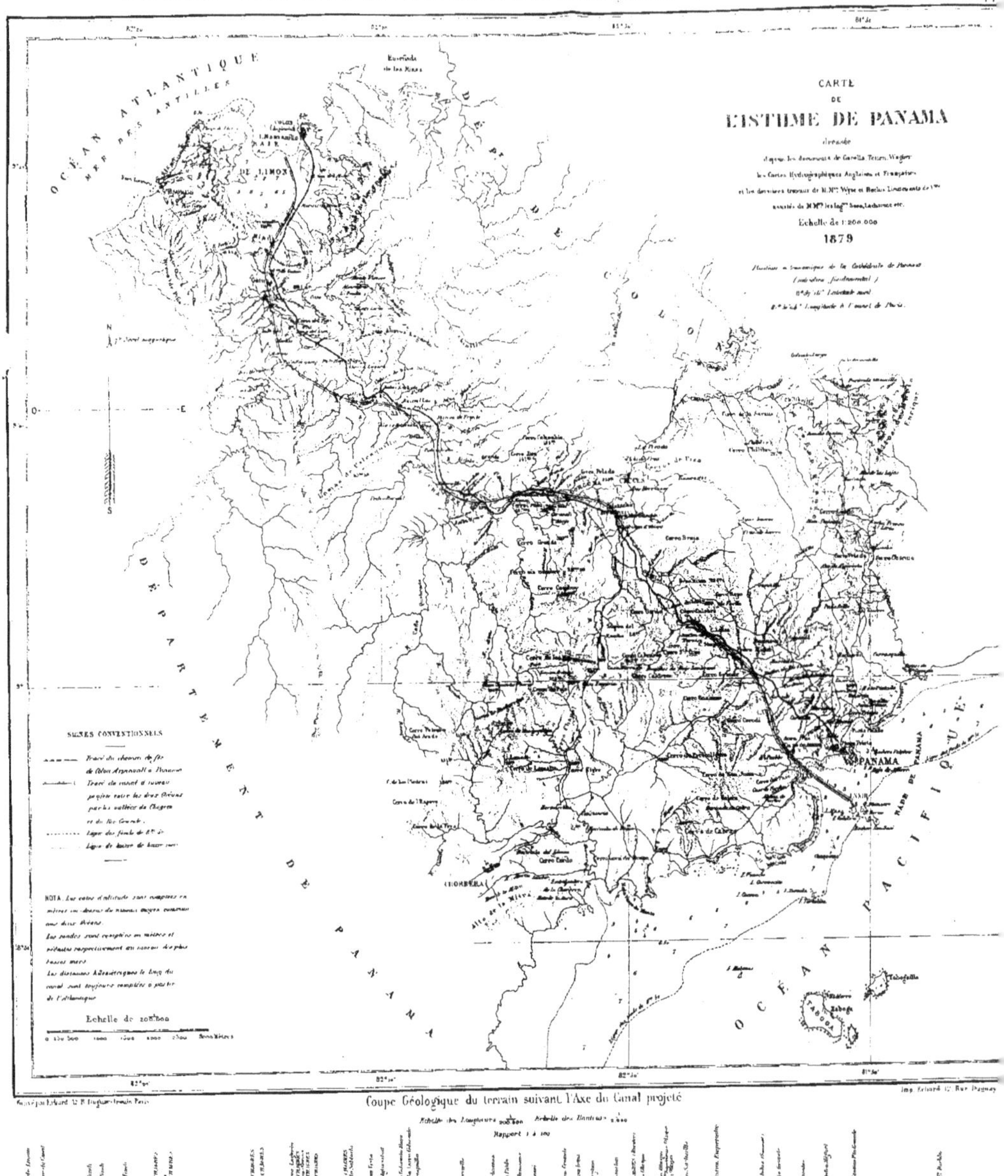

CARTE
DE
L'ISTHME DE PANAMA

Echelle de 1:200.000
1879

OCÉAN ATLANTIQUE

DÉPARTEMENT DE PANAMA

OCÉAN PACIFIQUE

SIGNES CONVENTIONNELS

NOTA.

Echelle de 200.000

Coupe Géologique du terrain suivant l'Axe du Canal projeté

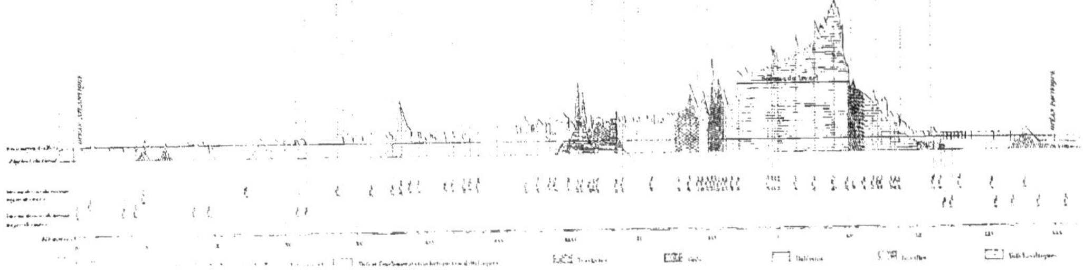

PERCEMENT DE L'ISTHME AMÉRICAIN

Exposé succinct des divers projets et variantes susceptibles d'exécution soumis au choix définitif du Congrès scientifique international

POUR UN CANAL INTEROCÉANIQUE

15 Mai 1879.

Typ. A. Lahure, 9, rue de Fleurus, à Paris.

NATIONS souveraines du territoire que doit traverser le Canal.	ÉTATS, PROVINCES ou DÉPARTEMENTS.	ABOUTISSEMENT sur l'ATLANTIQUE.	ABOUTISSEMENT sur le PACIFIQUE.	[illegible]	NOMS des LACS, RIVIÈRES OU VALLÉES à utiliser.	Longueur du canal à creuser en kilomètres	VOLUME des déblais en mètres cubes.	VOLUME des remblais en mètres cubes.	Nombre d'écluses de 3m,20 de chute moyenne.	Longueur du tunnel en kilomètres.	FACILITÉS SPÉCIALES.	INCONVÉNIENTS PARTICULIERS.	SUJÉTIONS POLITIQUES ou FINANCIÈRES.	AUTORITÉS aux pièces ou dessins desquelles les nivellements et les estimations.	COÛT approximatif en francs, y compris une augmentation de 25 0/0.	FRAIS ANNUELS présumés d'entretien et d'exploitation en francs.	DURÉE probable des travaux.	AVANTAGES consentis par les nations souveraines.	OBSERVATIONS.
États-Unis de Colombie, autrefois Nouvelle-Grenade.	État du Cauca (Choco).	Fond du golfe d'Uraba.	Anse de Chiri-Chiri.	290	Atrato, Napipi et Doguado.	60	20,000 000	5,000 000	22	6	Seuil très-rapproché du Pacifique pour y déverser la plus grande partie des déblais.	Canal réunissant les inconvénients inhérents aux systèmes des écluses et du tunnel; insuffisance du port projeté de Chiri-Chiri.	»	Commission américaine (Selfridge, Lull, Schultz, Sullivan, Collins, etc.) 1871-72; (Collins, Eaton, Sullivan, Paine, etc.) 1875	405.000.000	10.000 0 0	9 ans.	Concession privilégiée accordée pour 99 ans à la Société internationale du Canal interocéanique avec plus de 500.000 hectares de terres y compris les mines et le dégrèvement de tous droits et impôts directs et indirects pendant toute la durée de la construction et de l'exploitation du Canal interocéanique à travers le territoire colombien.	La Commission supérieure américaine de 1875 n'a mis ce projet qu'en deuxième ligne. Les 10 écluses du côté du Pacifique doivent avoir 4m,51 de chute, car la place manque pour en disposer davantage. 6 mètres sont regagnés du côté de l'Atlantique par la hauteur de la cote à laquelle se trouve l'Atrato au confluent du Napipi.
id.	État du Cauca et de Panama (Darien méridional).	Fond du golfe d'Uraba.	Havre Darien et golfe de San Miguel.	235	Atrato, Caquirri, Puquia, Cué, ou bien Tihulé, Paya et Tuyra.	125	60 000 000 ou 65 000 000	6 000 000	22	1 ou 8	Formation géologique tertiaire présentant des roches tendres; magnifiques ports aux deux extrémités.	Canal réunissant les inconvénients inhérents aux deux systèmes pour une variante, tranchées très-profondes pour l'autre.	»	Commission internationale 1876-77 (Wyse, Reclus, Celler, Brooks, Gerster, Sosa, Lacharme, Musso, etc.)	650.000.000	15.000 000	12 ans.		Un grand barrage est nécessaire pour la submersion de la vallée de la Tuyra et la création d'un grand lac central servant de réservoir et formant en même temps le bief de partage à l'altitude de 50 mètres au-dessus du niveau moyen commun aux deux océans. Il y aurait 12 écluses de 4m,20 de chute du côté du Pacifique et 10 seulement du côté de l'Atlantique, par suite de l'élévation de marée et de la cote à laquelle se trouve l'Atrato au confluent du Caquirri.
Id.	État du Cauca et de Panama (Darien méridional).	Baie d'Acanti à l'ouverture du golfe d'Uraba.	Havre Darien et golfe de San Miguel.	125	Tolo, Tiati, Tupisa, Chucunaque et Tuyra.	74	70.000.000	0	0	17	Salubrité de la région traversée; magnifique port sur le Pacifique.	Longueur du tunnel; élévation du point de partage et par suite difficulté pour l'installation de puits pour hâter la perforation.	»	Commission internationale 1876-77-78 (Wyse, Reclus, Sosa, Lacharme, Verbrugghe, etc.)	600.000.000	6.000.000	12 ans.		Ce tracé a, comme les deux précédents, l'avantage d'être libre de toutes sujétions politiques et financières; mais malheureusement il ne peut venir qu'en deuxième rang au point de vue technique.
id.	État de Panama; district de Chepo (Darien occidental).	Baie de San Blas.	Rade de Chepillo et fond du golfe de Panama.	53	Nercalegua, Mamoni et Bayano.	42	51 000 000	0	0	16	Brièveté de la ligne; magnifique port sur l'Atlantique.	Longueur du tunnel; calmes fréquents au nord des îles des Perles (fond du golfe de Panama) à craindre pour les navires à voiles.	Arrangement à l'amiable avec la Compagnie du Chemin de fer de Panama ou indemnité arbitrale à lui payer conformément à la loi 46 de 1867, du Congrès colombien.	MacDougal, 1864, Wyse, 1868, Commission américaine 1870 (Selfridge, Lull, Sullivan, Hubbard). Commission internationale 1877 (Wyse, Reclus, Sosa, etc.)	475.000 000	4.000 000	10 ans.		M. Kelley qui a patronné l'exploration de MacDougal, fondée sur la longueur de 11 kilomètres de tunnel, [illegible] Selfridge [illegible] de l'Atlantique, au milieu de difficultés [illegible], ce qui affecterait la position du point où se sont effectués les raccordements des expéditions parties du Pacifique.
id.	État de Panama; départements de Colon et de Panama.	Fond de la baie de Limon, (Port-Naos ou Navy-Bay.)	Rade de Panama.	72	Chagres.	72	37 000 000	5,000.000	25	0	Région très-peuplée, chemin de fer à proximité; villes pourvues de ressources; peu d'élévation du point de partage (87m).	Alimentation difficile et compliquée.	Arrangement à l'amiable avec la Compagnie du Chemin de fer de Panama ou indemnité arbitrale à lui payer.	Garella 1843, Totten 1852, Commission américaine 1875 (Lull, Menocal, Leutze, Colby, etc.)	480.000.000	10. 0 .000	6 ans.		La première écluse du côté du Pacifique est une écluse à marées. La Commission supérieure américaine n'accorde que le deuxième rang à ce projet dont l'alimentation n'est assurée qu'au moyen d'un canal accessoire ayant plus de 4 kilomètres de parcours souterrain et 5 kilomètres d'aqueducs ou de syphons couverts.
id.	État de Panama; départements de Colon et de Panama.	Fond de la baie de Limon, (Port-Naos ou Navy-Bay).	Rade de Panama.	73	Chagres et Rio-Grande.	73	47,000.000	0	0	6	Région très peuplée; chemin de fer à proximité; villes pourvues de ressources; peu d'élévation du point de partage (87m), ce qui, joint au peu de longueur du tunnel, en permet la perforation rapide, au moyen de puits. Pentes assez déclives pour faciliter le prompt écoulement des eaux.	Régime torrentiel du Chagres supérieur; dureté des roches.	Arrangement à l'amiable avec la Compagnie du Chemin de fer de Panama ou indemnité arbitrale à lui payer.	Garella 1843, Totten 1852, Commission internationale 1876. (Wyse, Reclus, Sosa, Lacharme, Verbrugghe, etc.)	475.000 000	5.000.000	6 ans.		Le tunnel maximum avait 7.720 m., le plus court 2.250 m.; celui de la meilleure variante 5,87 (?). La suppression complète du souterrain augmenterait les déblais de 11 millions de m. c. et le devis total de 125 millions de fr. La variante par la vallée du Bernardino comporte un tunnel de 0 1/2 k., 51 millions de m. c. de déblais et une dépense générale de 535 millions de francs. Par suite d'arrangements stipulés (février 1879) avec la Compagnie du Chemin de fer de Panama, les sujétions financières qui pesaient sur ce projet se trouvent supprimées et conséquemment lui laissent tous ses avantages en aplanissant la principale difficulté qui l'avait fait jusqu'à présent reléguer au second plan.
Nicaragua et Costa-Rica (Amérique centrale).	Départements de Chontales, de Rivas et de San Carlos.	Greytown ou San Juan del Norte.	Anse de Brito.	292	San Juan, lac de Nicaragua et Rio Grande.	195	46.000.000	5,500 000	21	0	Seuil relativement peu élevé. (73m)	Absence complète de ports; difficultés pour leur construction et leur entretien; insalubrité de presque tout le versant de l'Atlantique (120 kilomètres de marais dans la vallée entièrement déserte du San Juan); longueur du canal; instabilité politique.	Traité non conclu et contesté entre le Nicaragua et le Costa-Rica; hostilité pour le règlement de la participation et des droits de chaque République, d'où insécurité des concessionnaires futurs.	Childs 1851, Commission américaine 1872, (Hatfield, Lull, Menocal, Leutze, Miller, etc.) Commission américaine supérieure 1875, (Humphreys, Paterson, Ammen, Mac-Farlane, Hewer, Mitchell, etc.) Wyse, Verbrugghe, Blanchet. 1878.	585.000.000 (?)	15.000.000	10 ans.	Double concession encore à obtenir.	Ce tracé, qui abrège tout spécialement la traversée de New-York à San-Francisco, a paru obtenir la préférence aux États-Unis, sous réserve toutefois des études à faire dans certaines parties de l'Isthme colombien, études qui furent exécutées par la Commission internationale de 1876-77-78. Quelques courbes étant d'un rayon quatre fois plus petit que celui adopté dans les autres tracés, conformément à l'expérience irrécusable qui en a été faite au canal de Suez) et d'autres considérations relatives aux ports et aux écluses à bâtir sur pilotis, ont fait augmenter le devis des dépenses par la Commission supérieure américaine. D'autres estimations par la submersion des vallées n'ont pas été étayées par des études sur le terrain.

CARTE DE L'ISTHME AMÉRICAIN

Avec l'indication numérotée des projets de percement d'un Canal Interocéanique.

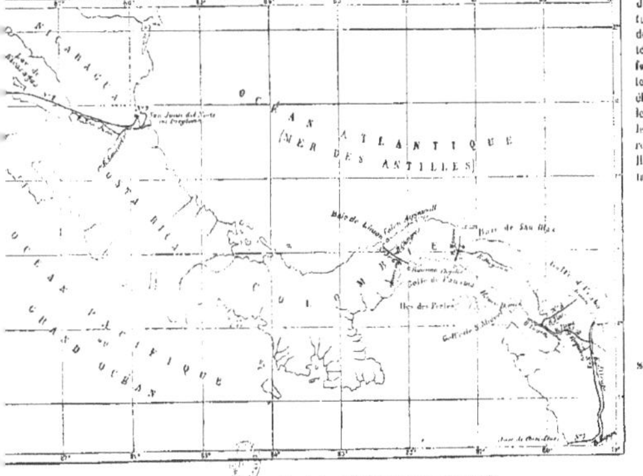

est du méridien de Paris

N. B. La longueur des sas des écluses varie de 122 mètres (projets américains), à 150 mètres (projets de la Commission internationale). Les dimensions du canal sont en moyenne de 20 mètres au plafond, de 32 à 50 mètres à la surface et de 7m,92 (projets américains) à 8m,50 de profondeur (projets de la Commission internationale). Les berges sont inclinées de 1 à 20 pour 10, suivant la nature des terrains. Dans les projets avec tunnel, la section mouillée varie de 117 à 218 mètres carrés, la largeur de 10 à 20 mètres au plafond, de 18 à 24 mètres à la surface et la hauteur au dessus du plan d'eau de 26 à 34 mètres. Les chiffres les plus forts sont ceux finalement adoptés pour les projets de la Commission internationale de 1876-77 et 78. Pour éviter des mécomptes, des prix fort élevés ont seuls servi de base aux évaluations des dépenses et, en outre, les devis ont tous été augmentés de 25 0/0 en prévision des éventualités les plus défavorables et pour assurer le service des intérêts (malgré le remploi des capitaux) pendant la période d'accomplissement des travaux. Il est nécessaire par suite de faire remarquer l'avantage relatif en résultant pour les projets dont l'exécution comporte une moindre durée.

Longueur relative des différents tracés.

(Le trait fort indique la longueur à creuser ou approfondir.)

1 ——
2 ——
3 ——
4 ——
5 ——
6 ——
7 ——

Cube relatif des terrassements en supposant les sections des divers canaux de dimensions uniformes :

1 ——
2 ——
3 ——
4 ——
5 ——
6 ——
7 ——

Somme relative annuelle exigée pour chaque projet.

(Frais d'entretien et d'exploitation cumulés avec les intérêts à 5 0/0 sur le capital nécessaire à la construction.)

1 ——
2 ——
3 ——
4 ——
5 ——
6 ——

La diminution des distances pour se rendre d'Europe, à travers l'Isthme américain, à la partie équinoxiale de l'Océan Pacifique ou au delà, est en moyenne de 2500 lieues marines ou 13,888 kilomètres, représentant au moins 30 jours de marche pour les navires à vapeur rapides et de 2 mois à 2 mois 1/2 pour les voiliers. De New-York en Chine ou en Australie la diminution est de 1000 lieues marines ou 5555 kilomètres; de New-York au Chili, au Pérou ou au Japon, elle arrive à 1400 lieues marines, et du même point à Guayaquil, Acapulco ou San-Francisco, elle atteint 3000 lieues ou 16,600 kilomètres, représentant près de 40 jours de navigation pour les vapeurs rapides, et 3 mois environ pour les voiliers. Sur les traversées inverses les économies de temps sont encore plus considérables par suite des détours auxquels contraignent les vents généraux dominant dans l'hémisphère austral.

Le tonnage probable qui passerait par le canal interocéanique, dès son ouverture, serait de 6 000,000 de tonnes d'après les renseignements fournis par des documents officiels. La perception des droits sur le nombre de mètres cubes contenus dans les parallélipipèdes qui circonscrivent les carènes immergées des navires transitants (base du mesurage adopté pour le Canal américain), pourrait s'élever à la somme totale de 60 à 100 millions de francs, suivant les tarifs qu'on appliquerait. En réalité, ainsi que cela se voit à Suez, les armateurs et négociants ne supporteraient aucuns frais nouveaux pour l'acquittement de ces droits, qui seraient amplement compensés par la diminution des assurances sur le fret et contre les risques de mer; le commerce bénéficierait donc entièrement de l'économie d'intérêts sur les capitaux employés provenant de la rapidité et par suite de la multiplication des transactions.

FIN

www.ingramcontent.com/pod-product-compliance
Ingram Content Group UK Ltd.
Pitfield, Milton Keynes, MK11 3LW, UK
UKHW020325230726
13925UKWH00002B/629

9 782013 659710